兴隆热带植物园科普丛书之

热带特色水果

◎苏 凡 邓文明 唐 冰 主编

U0306415

中国农业科学技术出版社

图书在版编目（CIP）数据

兴隆热带植物园科普丛书之热带特色水果 / 苏凡，邓文明，
唐冰主编 . -- 北京：中国农业科学技术出版社，2023.2
ISBN 978-7-5116-6061-9

Ⅰ . ①兴…　Ⅱ . ①苏…　②邓…　③唐…　Ⅲ . ①热带果树 – 果树
园艺 – 普及读物　Ⅳ . ① S667-49

中国版本图书馆 CIP 数据核字（2022）第 225451 号

责任编辑　白姗姗
责任校对　马广洋
责任印制　姜义伟　王思文

出 版 者　中国农业科学技术出版社
　　　　　北京市中关村南大街 12 号　邮编：100081
电　　话　（010）82106638（编辑室）（010）82109702（发行部）
　　　　　（010）82109709（读者服务部）
网　　址　https: // castp.caas.cn
经 销 者　各地新华书店
印 刷 者　北京地大彩印有限公司
开　　本　170 mm×240 mm　1/16
印　　张　16.5
字　　数　300 千字
版　　次　2023 年 2 月第 1 版　2023 年 2 月第 1 次印刷
定　　价　120.00 元

内容简介

　　《兴隆热带植物园科普丛书之热带特色水果》是对兴隆热带植物园植物资源进行详细介绍的图鉴类书籍。自1957年建所（园）以来，兴隆热带植物园不断从国内外引种植物资源进行栽培。通过对兴隆热带植物园的水果资源进行调查，其中热带特色水果资源多样性非常丰富，共收录到热带特色水果资源50科109属209种（含19个品种），本书对其中的202种热带特色水果进行了详细的介绍，包括每种水果的俗称、形态特征、生境、分布和利用等内容，并配有树形、花、果等精美图片660余张。本书对水果资源的研究开发具有一定的参考价值，可供果树、科普、食品加工、植物资源保护等科研人员及相关管理部门的工作人员参考使用。

前 言

兴隆热带植物园是一座集"科学研究、产品开发、科普示范"为一体的综合性热带植物园，隶属农业农村部中国热带农业科学院香料饮料研究所，是海南最早对外开放参观的热带植物园。兴隆热带植物园在植物引种驯化、鉴定评价、开发利用上具有悠久的历史。20世纪50年代，泰国、越南、印度尼西亚、马来西亚等20多个国家和地区的归侨们在兴隆华侨农场安家，回来时携带了很多热带植物资源，我们将华侨带回来的资源引回兴隆热带植物园保育，其中包括橡胶、胡椒、咖啡、可可、香草兰、依兰、香露兜、面包树、尖蜜拉、食用槟榔青、牛角蕉等。后又在中国热带农业科学院香料饮料研究所一代又一代科研工作者的努力收集引种保育下，逐渐形成热带香料饮料植物、热带特色水果、热带观赏植物、棕榈植物、热带水生植物、热带珍稀濒危植物、热带沙生植物等植物专类园区。

海南拥有丰富的热带水果种质资源，引进并保存着世界同纬度地区大量"名优新奇特"热带水果，有"热带水果王国"之称。自1957年以来，兴隆热带植物园不断从国内外引进植物资源进行栽培，截至目前，共引种植物231科1 358属3 212种，其中热带特色水果资源非常丰富，共收录到50科109属209种（含19个品种）。

随着人们生活水平的提高和国民健康意识的增强，"树立大食物观"满足美好生活需要，人们更加注重蔬果等营养食物的补充，水果的摄入量逐年提升。海南具有丰富的热带特色水果资源，为选育丰富的水果品种提供物质基础。一些水果资源营养价值丰富，能满足人们维生素 C、多酚、多糖等物质的需要；一些水果资源在长期的自然选择过程中形成了较强的适应能力、抗逆能力和抗病虫害能力，为高产栽培与推广应用提供品种资源支撑。

编者在园区内进行了大量调查记录，拍摄了许多精美照片，《兴隆热带植物园科普丛书之热带特色水果》一书是在此基础上编写完成的，该书较为系统地介绍了兴隆热带植物园热带特色水果资源收集保存概况，详细介绍了 202 种热带特色水果资源的特性，并配有图片，便于读者了解丰富的热带特色水果资源。

本书主要由苏凡、邓文明、唐冰三位同志主编，其中唐冰同志指导全书的框架结构、统稿和兴隆热带植物园概况第一小节的编写；秦晓威、闫林两位同志主要负责兴隆热带植物园植物资源概况小节的编写；邓文明、李靖同志负责兴隆热带植物园热带特色水果资源概况章节的编写；苏凡同志负责热带特色水果资源种类详述章节的编写；苏凡、邓伦栋同志负责书中图片拍摄；鱼欢、吉训志等同志负责植物园历史资料收集整理。在成书过程中主要参考了《中国植物志》《海南植物志》《广东植物志》《兴隆热带植物园植物名录》、*Flora of China*、*Flora of North America* 等诸多资料。

《兴隆热带植物园科普丛书之热带特色水果》一书作为兴隆热带植物园（香料饮料研究所）植物资源科研工作成果的阶段性总结、科普工作展示，谨以此书献礼建所（园）65 周年。

本书的出版主要得到"2021 年海南省科普场馆运行补助经费项目""海南省 2022 年基层科普行动计划专项资金""国家热带植物种质

资源库香料饮料种质资源分库（NTPGRC2022-014）""第三次全国农作物种质资源普查收集"和"藏东南（墨脱、察隅等）热带生物种质资源收集与保护"的资助！

由于编者水平有限，难免出现错漏和不妥之处，恳请批评指正！

编　者

2022 年 11 月

目　录

1

01

第一章

兴隆热带植物园概况

一、兴隆热带植物园概况

兴隆热带植物园由中国热带农业科学院香料饮料研究所开发建设，创建于1957年，1997年正式对外开放，是海南最早对外开放的热带植物园，是国家AAAA级旅游景区和全国五星级休闲农业园区（图1-1）。

图1-1　兴隆热带植物园大门

（一）建设单位基本情况

中国热带农业科学院香料饮料研究所（以下简称香饮所）隶属农业农村部中国热带农业科学院，为副局级公益性农业科研事业单位。创建于1957年，原名为"华南热带作物科学研究院兴隆试验站"；1993年更名为"华南热带作物科学研究院热带香料饮料作物研究所"；2002年更名为"中国热带农业科学院香料饮料研究所"。

香饮所是我国唯一从事热带香辛饮料作物应用基础研究、应用研究和重大关键技术研究的公益性农业科研机构，主要承担热带香辛饮料特色作物（植物）应用基础研究、应用研究和重大关键技术研究；热带香辛饮料作物、功能型热带植物、典型热带水果等名优、特、新、稀作物（植物）种质资源收集保存与创新利用；科技成果转化和技术集成、示范与推广；热带香辛饮料等特色作物重要病、虫、草、鼠害预防与控制研究；热带农业循环经济研究、观光农业开发与科普教育等职责。拥有国家重要热带作物工程技术研究中心、国家热带香料饮料作物种质资源圃、中非现代农业技术交流示范和培训联合中心（海南）、农业农村部万宁胡椒种质资源圃、国家热带植物种质资源库香料饮料种质资源分库、国家热带植物种质资源库木本粮食种质资源分库、农业农村部香辛饮料作物遗传资源利用重点实验室、海南省热带香辛饮料作物遗传改良与品质调控重点实验室、海南省特色热带作物适宜性加工与品质控制重点实验室、海南省热带香料饮料作物工程技术研究中心、中国热带农业科学哥斯达黎加热带饮料作物种质资源保护利用实验室、海南省院士工作站、海南省院士团队创新中心、海南省热带香料饮料作物"海智计划"工作站、"候鸟"人才工作站、海南省农业科技 110 香料饮料专业服务站等省部级平台 25 个。

已取得科研成果 200 多项。采用"科研院所 + 农户""科研院所 + 公司 + 农户"等模式，向热区推广应用热带香料饮料作物种植与加工技术成果，成果转化率 90% 以上，为我国热带香料饮料作物产业持续发展提供强有力的科技支撑，社会、经济、生态效益显著。

经多年研究探索，香饮所建立了"科学研究、产品开发、科普示范"三位一体的发展模式和"以所为家，团结协作，艰苦奋斗，勇攀高峰"的单位文化。

（二）园区自然环境

兴隆热带植物园位于海南省东南部兴隆华侨旅游经济区（N18°45′, E110°13′），距海口市 163 km，距三亚市 97 km，这里东临南海、三面环山、日照充足、长夏无冬，湿度大、雨量充沛而均匀，适宜于各种热带亚热带植物的生长发育。

1. 地貌与土壤特征

兴隆热带植物园位于海南岛热带雨林、季雨林砖红壤地带，地貌结构在海南岛区划上属台阶地平原地貌，从万宁市区划上属台地地貌，平均海拔 36 m，地形略由北向南倾斜，中高周低，呈环状结构，园内既有平地又有起伏的坡地。土地类型属台地土地，土壤母质主要为母岩和花岗岩，土壤类型为黄色砖红壤，土壤表土层深厚，有机质含量为 2.0% ～ 2.2%，pH 值 5.9 左右，是热带植物保存和收集的理想摇篮。

2. 气候特征

兴隆热带植物园受强烈的热带海洋气候影响，属于热带季风气候，具有典型热带特征，光照充足，热量丰富，光合潜力大，雨量充沛。年均气温 22.4℃，≥10℃积温约 8 800℃，最冷月均温 >18℃，平均极端低温 8.0～9.0℃，年日照时数为 2 196 h，年均相对湿度为 85%，日照充足，自然植被发育迅速。

3. 水文特征

兴隆热带植物园水资源丰富，年降水量高达 2131.4 mm，12 月至次年 3 月为旱季，5—11 月为雨季，其中，8—11 月多台风雨，雨量占全年降水量的 48.7%。降水蒸发量 1 181.5 mm，相对湿度 85%。兴隆热带植物园位于太阳河中上游位置，其集雨面积为 592.51 km^2。

4. 植被概况

在兴隆周边保存有较好的低地雨林，主要以"青梅—蝴蝶树林"为主，青梅种群在万宁一直分布到石梅湾沙滩上，形成全球有特色的沙滩非地带性滨海丛林。"青梅—柄果木丛林"，也称为"青皮林"，在"青梅—柄果木丛林"的最南端分布有中国独一无二的"水椰（Nypa fruticans）灌丛"，为红树林的特殊类型。园区主要为人工植被，现收集、保存香辛饮料植物、热带果树、热带经济林木、观赏植物、水生植物、濒危植物、沙生植物等植物资源共有 3 000 多种。

（三）取得的荣誉

兴隆热带植物园自创建以来，先后获得国家 AAAA 级旅游景区、全国五星级休闲农业园区、全国中小学质量教育社会教育基地、全国中小学生研学实践教育基地、全国热带作物科普基地、科普中国共建基地、国家生态环境科普基地、全国科普教育基地、全国科学家精神教育基地、《全民科学素质行动计划纲要》实施工作先进集体和全国科普工作先进集体等 10 多项国家级科普基地称号及荣誉。

1997 年开园以来，年均接待社会公众 60 万人次，目前已发展成为国内一家专业从事热带香料饮料作物产业化配套技术研究的综合性科研机构，是一座集科学研究、产品开发、科普示范为一体的综合性热带植物园（图 1-2）。

科技人员在果园进行果树嫁接

在兴隆热带植物园进行科普与研学活动

科技产品展销厅

图 1-2　综合性热带植物园展示

二、兴隆热带植物园植物资源概况

2005 年，张籍香研究员等科研人员整理出版《兴隆热带植物园植物名录》，收编了 1 034 种植物，隶属 165 科 641 属，其中蕨类植物 10 科 11 属 14 种；裸子植物 9 科 13 属 16 种；被子植物 146 科 617 属 1 004 种。国家重点保护植物 41 种。

截至 2022 年，兴隆热带植物园目前主要收集和保存国内外独具特色的热带、亚热带植物资源共 231 科 1 358 属 3 212 种，包括热带香料饮料植物、热带特色水果、热带观赏植物、棕榈植物、热带水生植物、热带珍稀濒危植物、热带沙生植物等种类。科研人员对兴隆热带植物园植物资源进行调查和记录，并采用最新的 APG（被子植物系统发育树）将被子植物的科名进行校对。其中蕨类植物 25 科 60 属 167 种；裸子植物 9 科 15 属 25 种；被子植物 197 科 1 283 属 3 020 种。国家重点二级保护野生植物 35 科 50 属 79 种，国家重点一级保护野生植物 6 科 7 属 20 种。

1. 热带香料饮料植物

园区中香料饮料植物共 34 科 91 属 307 种。主要保存胡椒（*Piper nigrum*）以及胡椒属内植物、香荚兰（*Vanilla planifolia*）、可可（*Theobroma cacao*）、咖啡属（*Coffea*）、普洱茶（*Camellia sinensis* var. *assamica*）、大叶冬青（*Ilex latifolia*）、糯米香（*Strobilanthes tonkinensis*）、山苦茶（*Mallotus peltatus*）、香露兜（*Pandanus amaryllifolius*）、锡兰肉桂（*Cinnamomum verum*）、肉桂（*Cinnamomum cassia*）、八角（*Illicium verum*）、香茅（*Cymbopogon citratus*）、调料九里香（*Murraya koenigii*）、竹叶花椒（*Zanthoxylum armatum*）、墨脱花椒（*Zanthoxylum motuoense*）、罗勒（*Ocimum basilicum*）、迷迭香（*Rosmarinus officinalis*）、艾纳香（*Blumea balsamifera*）、可乐果（*Cola acuminata*）、肾茶（*Orthosiphon aristatus*）、鳄嘴花（*Clinacanthus nutans*）等香料饮料植物（图 1–3）。并设有香草兰园、胡椒园、咖啡园、可可园、茶园、糯米香园等文化展示区，让游客深入了解香料饮料植物的功能和文化。

胡椒

香荚兰

可可

中粒咖啡

图1-3　部分香料饮料植物展示

2. 热带特色水果

目前园区中建造百果园，引种保存国内外热带以及亚热带名优特稀的水果，例如榴梿（*Durio zibethinus*）、香波罗蜜（*Artocarpus odoratissimus*）、蛇皮果（*Salacca zalacca*）、面包树（*Artocarpus altilis*）、尖蜜拉（*Artocarpus champeden*）、二色可可（*Theobroma bicolor*）、大果西番莲（*Passiflora quadrangularis*）、蛋黄果（*Pouteria campechiana*）、黄晶果（*Pouteria caimito*）、大果番樱桃（*Eugenia stipitata*）、黑肉柿（*Diospyros nigra*）、鳄梨（*Persea americana*）、西印度醋栗（*Phyllanthus acidus*）等热带特色水果资源共209种。并种植杧果、荔枝、波罗蜜林供游客观赏（图1-4）。

榴梿

蛇皮果

尖蜜拉

黄晶果

黑肉柿

异色柿

图 1-4 热带特色水果区

3. 热带观赏植物

该区汇集有300多种热带观赏花木，热带花卉以三角梅（*Bougainvillea spectabilis*）、蒜香藤（*Mansoa alliacea*）、巨花马兜铃（*Aristolochia gigantea*）、火炬姜（*Etlingera elatior*）、爆仗竹（*Russelia equisetiformis*）、网球花（*Scadoxus multiflorus*）、蝴蝶兰属（*Phalaenopsis*）、文心兰属（*Oncidium*）等为主，花色多样，极为丰富。热带观叶植物有变叶木（*Codiaeum variegatum*）、朱蕉

（*Cordyline fruticosa*）、黑扇朱蕉（*Cordyline fruticosa* 'Purple Compacta'）、黛粉芋（*Dieffenbachia seguine*）、吉祥粗肋草（*Aglaonema* 'Lady valentine'）、五彩苏（*Coleus scutellarioides*）、羽叶南洋参（*Polyscias fruticosa* var. *plamata*）、银边南洋参（*Polyscias guilfoylei*）等（图1-5）。

园区热带花卉景观

观叶植物

图1-5 热带观赏植物

4. 棕榈植物

棕榈科植物树形独特，其叶片、主干、果实乃至整个植株具有较高的观赏价值。在海南、广东等省区的很多城市常常利用棕榈科的椰子（*Cocos nucifera*）、糖棕（*Borassus flabellifer*）、林刺葵（*Phoenix sylvestris*）、狐尾椰子（*Wodyetia bifurcata*）、大王椰（*Roystonea regia*）等植物做绿地景观。植物园内保存国内外棕榈植物共52属101种，如蛇皮果（*Salacca zalacca*）、瓦理蛇皮果（*Salacca wallichiana*）、三角椰子（*Dypsis decaryi*）、琼棕（*Chuniophoenix hainanensis*）、矮琼棕（*Chuniophoenix humilis*）、黄藤（*Daemonorops jenkinsiana*）、红杆槟榔（*Cyrtostachys renda*）、酒瓶椰子（*Hyophorbe lagenicaulis*）、槟榔（*Areca catechu*）、圆叶刺轴榈（*Licuala grandis*）等（图 1-6）。

图 1-6 棕榈园区

5. 热带水生植物

水生植物种类丰富，花叶形态多样，具有较高的观赏价值，通过搭配，可以形成优美独特的景观，是园林造景的重要材料。例如睡莲花色多样，花大而鲜艳，常用于点缀湖面；在湖边种植纸莎草（*Cyperus papyrus*）、风车草（*Cyperus involucratus*）、再力花（*Thalia dealbata*）、垂花再力花（*Thalia geniculata*）和美人蕉（*Canna indica*）等湿生植物，可以达到美化水景的作用。水生植物区除了供游客观赏外，还保存了一些珍稀濒危的水生植物，例如水皮莲（*Nymphoides cristata*）、克鲁兹王莲（*Victoria cruziana*）、海丰荇菜（*Nymphoides coronata*）等水生植物。1912年，植物学家在广东海丰发现了海丰荇菜，并加以命名，但是它消失了一百多年，2013年，武汉植物园的科研人员在文昌采集到一种荇菜属未知植物标本，经过研究确认为海丰荇菜，并将结果发表在国际植物分类学期刊《*Phytotaxa*》。2020年，对该植物原产地广东海丰进行调查，并未找到该植物，目前只有海南文昌有分布（图1–7）。

保育消失一百多年的海丰荇菜

图1–7 热带水生植物区

6. 热带珍稀濒危植物

园区建有珍稀濒危植物馆，除了开放给游客观赏外，还用于引种保存国家珍稀濒危植物资源。目前引种保存有国家重点二级保护野生植物35科50属79种，国家重点一级保护野生植物6科7属20种。如坡垒（*Hopea hainanensis*）、青梅（*Vatica mangachapoi*）、蝴蝶树（*Heritiera parvifolia*）、杜鹃叶山茶（*Camellia azalea*）、石梓（*Gmelina chinensis*）、驼峰藤（*Merrillanthus hainanensis*）、爪耳木（*Lepisanthes unilocularis*）、楠木（*Phoebe zhennan*）、油丹（*Alseodaphne semecarpifolia*）、海南风吹楠（*Horsfieldia hainanensis*）、云南风吹楠（*Horsfieldia prainii*）、风吹楠（*Horsfieldia amygdalina*）、鹿角蕨（*Platycerium wallichii*）、水蕨（*Ceratopteris thalictroides*）、大叶黑桫椤（*Alsophila gigantea*）、福建观音座莲（*Angiopteris fokiensis*）、金毛狗（*Cibotium barometz*）、兰科（Orchidaceae）植物等（图1–8）。

珍稀濒危植物馆

鹿角蕨

图 1-8 热带珍稀濒危植物区

7. 热带沙生植物

主要应用仙人掌科（Cactaceae）、景天科（Crassulaceae）、龙舌兰科（Agavaceae）、凤梨科（Bromeliaceae）、大戟科（Euphorbiaceae）、阿福花科（Asphodelaceae）等植物来造景。利用仙人掌（*Opuntia dillenii*）、胭脂掌（*Opuntia cochenillifera*）、六棱柱（*Cereus hexagonus*）、金琥（*Echinocactus grusonii*）、大叶落地生根（*Kalanchoe daigremontiana*）、沙漠玫瑰（*Adenium obesum*）、伽蓝菜（*Kalanchoe ceratophylla*）、猴面包树（*Adansonia digitata*）、金刚纂（*Euphorbia neriifolia*）等植物来营造出富有异域风情的沙生植物景观，让游客仿佛置身于沙漠之中（图 1-9）。

金琥与六棱柱造景

图 1-9 沙生植物区

走进兴隆热带植物园，便如同打开一本关于热带植物的百科全书，大自然的种种奇妙在这里五彩纷呈，名特优稀植物不胜枚举；穿行于植物园，会获得一份探奇的惊喜、一种释然的心态；各种奇特的热带植物花木组成一幅幅美丽的图画，置身其中，仿如画中游。植物园傍依着黛绿的群山，环绕着碧绿的湖水，极致生态的氛围，清新甘甜的空气，必会洗去久滞的烦绪，焕发出崭新的活力。1961年邓小平同志在兴隆视察时高兴地说："在兴隆看热带植物，等于看到东南亚一带乃至全世界各地的热作"。"到海南必到兴隆，来兴隆定去植物园"，道出兴隆热带植物园这颗绿色明珠的奥秘。

02

第二章

兴隆热带植物园热带特色水果资源概况

一、热带特色水果资源收集保存概况

　　根据《生物多样性公约》，水果资源生物多样性的保护对人类具有重要意义。海南地处热带北缘，具有热带和亚热带气候，适合各种热带、亚热带水果生长。有一些典型的热带特色水果只适合生存在海南，如榴莲、山竹、红毛丹、面包树等。水果资源的保存及评价是果树品种选育的重要基础。水果资源除了给予人类食用价值外，在生产上可以用做选育品种的砧木，在分子育种上可以研究水果资源的遗传多样性和遗传演化，从而鉴定评价出优异的种质，因此收集保存热带特色水果资源势在必行。

　　20 世纪 80 年代初，兴隆热带植物园就对海南岛水果资源进行引种，先后参与"海南岛热作种质资源考察与评价""热作种质资源主要性状鉴定与评价""热带作物种质资源的收集与保存"等国家课题研究工作。香饮所科研人员通过对兴隆热带植物园中的水果资源进行调查，共记录到热带特色水果资源 50 科 109 属 209 种（含 19 个品种），其中野生水果资源 30 科 48 属 65 种，详见表 2-1。

　　本书水果种类都属于被子植物，在科级主要按照 APG 系统排列，属名按字母顺序排列，种的名称基本遵从了 *Flora of China* 的分类处理。

表 2-1 兴隆热带植物园热带特色水果资源名录

科中文名	科拉丁名	属中文名	属拉丁名	中文学名	种拉丁名	用途	野生水果资源
五味子科	Schisandraceae	冷饭藤属	*Kadsura*	黑老虎	*Kadsura coccinea* (Lem.) A. C. Sm.	食果植物	√
番荔枝科	Annonaceae	番荔枝属	*Annona*	圆滑番荔枝	*Annona glabra* L.	食果植物	
番荔枝科	Annonaceae	番荔枝属	*Annona*	山刺番荔枝	*Annona montana* Macf.	食果植物	
番荔枝科	Annonaceae	番荔枝属	*Annona*	黄龙番荔枝	*Annona mucosa* Jacq.	食果植物	
番荔枝科	Annonaceae	番荔枝属	*Annona*	刺果番荔枝	*Annona muricata* L.	食果植物	
番荔枝科	Annonaceae	番荔枝属	*Annona*	牛心番荔枝	*Annona reticulata* L.	食果植物	
番荔枝科	Annonaceae	番荔枝属	*Annona*	番荔枝	*Annona squamosa* L.	食果植物	
番荔枝科	Annonaceae	番荔枝属	*Annona*	红果番荔枝	*Annona squamosa* 'RED SUGAR'	食果植物	
番荔枝科	Annonaceae	蕉木属	*Chieniodendron*	蕉木	*Chieniodendron hainanense* (Merr.) Tsiang et P. T. Li	食果植物	√
番荔枝科	Annonaceae	瓜馥木属	*Fissistigma*	瓜馥木	*Fissistigma oldhamii* (Hemsl.) Merr.	食果植物	√
番荔枝科	Annonaceae	细基丸属	*Huberantha*	细基丸	*Huberantha cerasoides* (Roxb.) Chaowasku	食果植物	√
番荔枝科	Annonaceae	弯瓣木属	*Marsypopetalum*	海滨弯瓣木	*Marsypopetalum littorale* (Blume) B. Xue & R. M. K. Saunders	食果植物	√
番荔枝科	Annonaceae	暗罗属	*Polyalthia*	暗罗	*Polyalthia suberosa* (Roxb.) Thwaites	食果植物	√
番荔枝科	Annonaceae	嘉宝榄属	*Stelechocarpus*	嘉宝榄	*Stelechocarpus burahol* (Blume) Hook. f. & Thomson	食果植物	
番荔枝科	Annonaceae	紫玉盘属	*Uvaria*	刺果紫玉盘	*Uvaria calamistrata* Hance	食果植物	√
番荔枝科	Annonaceae	紫玉盘属	*Uvaria*	山椒子	*Uvaria grandiflora* Roxb. ex Hornem.	食果植物	√
番荔枝科	Annonaceae	紫玉盘属	*Uvaria*	紫玉盘	*Uvaria macrophylla* Roxburgh	食果植物	√

续表

科中文名	科拉丁名	属中文名	属拉丁名	中文学名	种拉丁名	用途	野生水果资源
樟科	Lauraceae	鳄梨属	Persea	鳄梨	Persea americana Mill	食果植物	
天南星科	Araceae	龟背竹属	Monstera	龟背竹	Monstera deliciosa Liebm.	食果植物	√
露兜树科	Pandanaceae	露兜树属	Pandanus	露兜树	Pandanus tectorius Sol.	食果植物	√
棕榈科	Arecaceae	槟榔属	Areca	槟榔	Areca catechu L.	食果植物	
棕榈科	Arecaceae	糖棕属	Borassus	糖棕	Borassus flabellifer L.	食果植物	
棕榈科	Arecaceae	椰子属	Cocos	椰子	Cocos nucifera L.	食果植物	
棕榈科	Arecaceae	椰子属	Cocos	香水椰子	Cocos nucifera 'Xiang Shui'	食果植物	
棕榈科	Arecaceae	水椰属	Nypa	水椰	Nypa fruticans Wurmb	食果植物	√
棕榈科	Arecaceae	海枣属	Phoenix	海枣	Phoenix dactylifera L.	食果植物	
棕榈科	Arecaceae	海枣属	Phoenix	林刺葵	Phoenix sylvestris (L.) Roxb.	食果植物	
棕榈科	Arecaceae	蛇皮果属	Salacca	瓦理蛇皮果	Salacca wallichiana Mart.	食果植物	
棕榈科	Arecaceae	蛇皮果属	Salacca	蛇皮果	Salacca zalacca (Gaertn.) Voss	食果植物	
芭蕉科	Musaceae	芭蕉属	Musa	小果野蕉	Musa acuminata Colla	食果植物	√
芭蕉科	Musaceae	芭蕉属	Musa	牛角蕉	Musa 'African Rhino Horn'	食果植物	
芭蕉科	Musaceae	芭蕉属	Musa	芭蕉	Musa basjoo Siebold & Zucc. ex Iinuma	食果植物	
芭蕉科	Musaceae	芭蕉属	Musa	墨脱芭蕉	Musa cheesmanii N. W. Simmonds	食果植物	√
芭蕉科	Musaceae	芭蕉属	Musa	千指蕉	Musa chiliocarpa Backer ex K. Heyne	食果植物	
芭蕉科	Musaceae	芭蕉属	Musa	红香蕉	Musa 'Dacca'	食果植物	
芭蕉科	Musaceae	芭蕉属	Musa	香蕉	Musa nana Lour.	食果植物	

续表

科中文名	科拉丁名	属中文名	属拉丁名	中文学名	种拉丁名	用途	野生水果资源
芭蕉科	Musaceae	芭蕉属	Musa	大蕉	Musa × paradisiaca L.	食果植物	
芭蕉科	Musaceae	芭蕉属	Musa	佛手蕉	Musa × paradisiaca 'Praying Hands'	食果植物	
芭蕉科	Musaceae	芭蕉属	Musa	怒江红芭蕉	Musa rubinea Häkkinen & C. H. Teo	食果植物	√
芭蕉科	Musaceae	芭蕉属	Musa	血红蕉	Musa sanguinea Hook. f.	食果植物	√
芭蕉科	Musaceae	芭蕉属	Musa	朝天蕉	Musa velutina H. Wendl. et Drude	食果植物	
凤梨科	Bromeliaceae	凤梨属	Ananas	迷你小菠萝	Ananas ananassoides(Baker) L. B. Sm.	食果植物	
凤梨科	Bromeliaceae	凤梨属	Ananas	凤梨	Ananas comosus (L.) Merr.	食果植物	
木通科	Lardizabalaceae	野木瓜属	Stauntonia	野木瓜	Stauntonia chinensis DC.	食果植物	√
山龙眼科	Proteaceae	澳洲坚果属	Macadamia	澳洲坚果	Macadamia integrifolia Maiden & Betche	食果植物	
五桠果科	Dilleniaceae	五桠果属	Dillenia	五桠果	Dillenia indica L.	食果植物	√
五桠果科	Dilleniaceae	五桠果属	Dillenia	小花五桠果	Dillenia pentagyna Roxb.	食果植物	√
五桠果科	Dilleniaceae	五桠果属	Dillenia	大花五桠果	Dillenia turbinata Finet & Gagnep.	食果植物	√
葡萄科	Vitaceae	葡萄属	Vitis	小果葡萄	Vitis balansana Planch.	食果植物	√
葡萄科	Vitaceae	葡萄属	Vitis	葡萄	Vitis vinifera L.	食果植物	
豆科	Fabaceae	印加树属	Inga	印加豆	Inga edulis Mart.	食果植物	
豆科	Fabaceae	牛蹄豆属	Pithecellobium	牛蹄豆	Pithecellobium dulce (Roxb.) Benth.	食果植物	
豆科	Fabaceae	酸豆属	Tamarindus	酸豆	Tamarindus indica L.	食果植物	
蔷薇科	Rosaceae	枇杷属	Eriobotrya	枇杷	Eriobotrya japonica (Thunb.) Lindl.	食果植物	
蔷薇科	Rosaceae	李属	Prunus	桃	Prunus persica (L.) Batsch	食果植物	

续表

科中文名	科拉丁名	属中文名	属拉丁名	中文学名	种拉丁名	用途	野生水果资源
蔷薇科	Rosaceae	蔷薇属	Rosa	金樱子	Rosa laevigata Michx.	食果植物	√
蔷薇科	Rosaceae	悬钩子属	Rubus	粗叶悬钩子	Rubus alceifolius Poir.	食果植物	√
蔷薇科	Rosaceae	悬钩子属	Rubus	白花悬钩子	Rubus leucanthus Hance	食果植物	√
蔷薇科	Rosaceae	悬钩子属	Rubus	锈毛莓	Rubus reflexus Ker Gawl.	食果植物	√
胡颓子科	Elaeagnaceae	胡颓子属	Elaeagnus	角花胡颓子	Elaeagnus gonyanthes Benth.	食果植物	√
胡颓子科	Elaeagnaceae	胡颓子属	Elaeagnus	胡颓子	Elaeagnus pungens Thunb.	食果植物	
鼠李科	Rhamnaceae	枳椇属	Hovenia	枳椇	Hovenia acerba Lindl.	食果植物	√
鼠李科	Rhamnaceae	雀梅藤属	Sageretia	雀梅藤	Sageretia thea (Osbeck) M. C. Johnst.	食果植物	√
鼠李科	Rhamnaceae	枣属	Ziziphus	滇刺枣	Ziziphus mauritiana Lam.	食果植物	
桑科	Moraceae	波罗蜜属	Artocarpus	面包树	Artocarpus altilis (Parkinson) Fosberg	食果植物	
桑科	Moraceae	波罗蜜属	Artocarpus	尖蜜拉	Artocarpus Champeden (Lour.) Stokes	食果植物	
桑科	Moraceae	波罗蜜属	Artocarpus	波罗蜜	Artocarpus heterophyllus Lam.	食果植物	
桑科	Moraceae	波罗蜜属	Artocarpus	香蜜 17 号	Artocarpus heterophyllus 'Xiangmi17'	食果植物	
桑科	Moraceae	波罗蜜属	Artocarpus	香波罗	Artocarpus odoratissimus Blanco	食果植物	
桑科	Moraceae	波罗蜜属	Artocarpus	桂木	Artocarpus parvus Gagnep.	食果植物	√
桑科	Moraceae	波罗蜜属	Artocarpus	二色波罗蜜	Artocarpus styracifolius Pierre	食果植物	√
桑科	Moraceae	榕属	Ficus	大果榕	Ficus auriculata Lour.	食果植物	√
桑科	Moraceae	榕属	Ficus	无花果	Ficus carica L.	食果植物	
桑科	Moraceae	榕属	Ficus	薜荔	Ficus pumila L.	食果植物	√

续表

科中文名	科拉丁名	属中文名	属拉丁名	中文学名	种拉丁名	用途	野生水果资源
桑科	Moraceae	桑属	Morus	桑	Morus alba L.	食果植物	
桑科	Moraceae	桑属	Morus	长果桑	Morus macroura 'Long Fruit'	食果植物	
桑科	Moraceae	鹊肾树属	Streblus	鹊肾树	Streblus asper Lour.	食果植物	✓
荨麻科	Urticaceae	号角树属	Cecropia	号角树	Cecropia peltata L.	食果植物	
杨梅科	Myricaceae	杨梅属	Myrica	青杨梅	Myrica adenophora Hance	食果植物	
杨梅科	Myricaceae	杨梅属	Myrica	杨梅	Myrica rubra (Lour.) Siebold & Zucc.	食果植物	
葫芦科	Cucurbitaceae	番马㼎儿属	Melothria	番马㼎	Melothria pendula L.	食果植物	✓
葫芦科	Cucurbitaceae	苦瓜属	Momordica	金铃子	Momordica charantia 'abbreviata'	食果植物	✓
葫芦科	Cucurbitaceae	苦瓜属	Momordica	木鳖子	Momordica cochinchinensis (Lour.) Spreng.	食果植物	✓
葫芦科	Cucurbitaceae	马㼎儿属	Zehneria	马㼎儿	Zehneria japonica (Thunberg) H. Y. Liu	食果植物	✓
卫矛科	Celastraceae	五层龙属	Salacia	阔叶五层龙	Salacia amplifolia Merr. ex Chun & F. C. How	食果植物	✓
酢浆草科	Oxalidaceae	阳桃属	Averrhoa	三敛	Averrhoa bilimbi L.	食果植物	
酢浆草科	Oxalidaceae	阳桃属	Averrhoa	阳桃	Averrhoa carambola L.	食果植物	
合椿梅科	Cunoniaceae	红椿李属	Davidsonia	戴维森李子	Davidsonia pruriens F. Muell.	食果植物	
杜英科	Elaeocarpaceae	杜英属	Elaeocarpus	锡兰榄	Elaeocarpus serratus L.	食果植物	
藤黄科	Clusiaceae	藤黄属	Garcinia	云树	Garcinia cowa Roxb.	食果植物	
藤黄科	Clusiaceae	藤黄属	Garcinia	小柠檬山竹	Garcinia intermedia (Pittier) Hammel	食果植物	
藤黄科	Clusiaceae	藤黄属	Garcinia	莽吉柿	Garcinia mangostana L.	食果植物	
藤黄科	Clusiaceae	藤黄属	Garcinia	木竹子	Garcinia multiflora Champ. ex Benth.	食果植物	

续表

科中文名	科拉丁名	属中文名	属拉丁名	中文学名	种拉丁名	用途	野生水果资源
藤黄科	Clusiaceae	藤黄属	*Garcinia*	岭南山竹子	*Garcinia oblongifolia* Champ. ex Benth.	食果植物	√
藤黄科	Clusiaceae	藤黄属	*Garcinia*	菲岛福木	*Garcinia subelliptica* Merr.	食果植物	
藤黄科	Clusiaceae	藤黄属	*Garcinia*	大叶藤黄	*Garcinia xanthochymus* Hook. f.	食果植物	
金虎尾科	Malpighiaceae	林咖啡属	*Bunchosia*	文雀西亚木	*Bunchosia armeniaca* (Cav.) DC.	食果植物	
金虎尾科	Malpighiaceae	金虎尾属	*Malpighia*	光叶金虎尾	*Malpighia glabra* L.	食果植物	
金虎尾科	Malpighiaceae	金虎尾属	*Malpighia*	小叶金虎尾	*Malpighia glabra* 'Fairchild'	食果植物	
西番莲科	Passifloraceae	西番莲属	*Passiflora*	鸡蛋果	*Passiflora edulis* Sims	食果植物	
西番莲科	Passifloraceae	西番莲属	*Passiflora*	黄鸡蛋果	*Passiflora edulis* 'Flavicarpa'	食果植物	
西番莲科	Passifloraceae	西番莲属	*Passiflora*	龙珠果	*Passiflora foetida* L.	食果植物	√
西番莲科	Passifloraceae	西番莲属	*Passiflora*	大果西番莲	*Passiflora quadrangularis* L.	食果植物	
杨柳科	Salicaceae	刺篱木属	*Flacourtia*	刺篱木	*Flacourtia indica* (Burm. f.) Merr.	食果植物	√
杨柳科	Salicaceae	刺篱木属	*Flacourtia*	罗比梅	*Flacourtia inermis* Roxb.	食果植物	
杨柳科	Salicaceae	刺篱木属	*Flacourtia*	云南刺篱木	*Flacourtia jangomas* (Lour.) Raeusch.	食果植物	√
大戟科	Euphorbiaceae	木奶果属	*Baccaurea*	木奶果	*Baccaurea ramiflora* Lour.	食果植物	
叶下珠科	Phyllanthaceae	叶下珠属	*Phyllanthus*	西印度醋栗	*Phyllanthus acidus* (L.) Skeels	食果植物	
叶下珠科	Phyllanthaceae	叶下珠属	*Phyllanthus*	余甘子	*Phyllanthus emblica* L.	食果植物	
千屈菜科	Lythraceae	石榴属	*Punica*	石榴	*Punica granatum* L.	食果植物	
桃金娘科	Myrtaceae	番樱桃属	*Eugenia*	巴西番樱桃	*Eugenia brasiliensis* Lam.	食果植物	
桃金娘科	Myrtaceae	番樱桃属	*Eugenia*	短萼番樱桃	*Eugenia reinwardtiana* (Blume) DC.	食果植物	

续表

科中文名	科拉丁名	属中文名	属拉丁名	中文学名	种拉丁名	用途	野生水果资源
桃金娘科	Myrtaceae	番樱桃属	*Eugenia*	大果番樱桃	*Eugenia stipitata* McVaugh	食果植物	
桃金娘科	Myrtaceae	番樱桃属	*Eugenia*	番樱桃	*Eugenia uniflora* L.	食果植物	
桃金娘科	Myrtaceae	树番樱属	*Plinia*	嘉宝果	*Plinia cauliflora* (Mart.) Kausel	食果植物	
桃金娘科	Myrtaceae	树番樱属	*Plinia*	奥斯卡树葡萄	*Plinia cauliflora* ' Red Hybrid Jaboticaba '	食果植物	
桃金娘科	Myrtaceae	番石榴属	*Psidium*	草莓番石榴	*Psidium cattleyanum* Sabine	食果植物	
桃金娘科	Myrtaceae	番石榴属	*Psidium*	番石榴	*Psidium guajava* L.	食果植物	
桃金娘科	Myrtaceae	桃金娘属	*Rhodomyrtus*	桃金娘	*Rhodomyrtus tomentosa* (Aiton) Hassk.	食果植物	√
桃金娘科	Myrtaceae	蒲桃属	*Syzygium*	白星莲雾	*Syzygium* ' Baiguo '	食果植物	
桃金娘科	Myrtaceae	蒲桃属	*Syzygium*	黑嘴蒲桃	*Syzygium bullockii* (Hance) Merr. & L. M. Perry	食果植物	√
桃金娘科	Myrtaceae	蒲桃属	*Syzygium*	子凌蒲桃	*Syzygium championii* (Benth.) Merr. & L. M. Perry	食果植物	√
桃金娘科	Myrtaceae	蒲桃属	*Syzygium*	蒲桃	*Syzygium jambos* (L.) Alston	食果植物	
桃金娘科	Myrtaceae	蒲桃属	*Syzygium*	马六甲蒲桃	*Syzygium malaccense* (L.) Merr. & L. M. Perry	食果植物	
桃金娘科	Myrtaceae	蒲桃属	*Syzygium*	水翁蒲桃	*Syzygium nervosum* DC.	食果植物	√
桃金娘科	Myrtaceae	蒲桃属	*Syzygium*	洋蒲桃	*Syzygium samarangense*(Blume) Merr. & L. M. Perry	食果植物	
橄榄科	Burseraceae	橄榄属	*Canarium*	乌榄	*Canarium pimela* K. D. Koenig	食果植物	
橄榄科	Burseraceae	橄榄属	*Canarium*	毛叶榄	*Canarium subulatum* Guillaumin	食果植物	
漆树科	Anacardiaceae	岭南酸枣属	*Allospondias*	岭南酸枣	*Allospondias lakonensis* (Pierre) Stapf	食果植物	√

续表

科中文名	科拉丁名	属中文名	属拉丁名	中文学名	种拉丁名	用途	野生水果资源
漆树科	Anacardiaceae	腰果属	*Anacardium*	腰果	*Anacardium occidentale* L.	食果植物	
漆树科	Anacardiaceae	土打树属	*Bouea*	枇杷杧果	*Bouea macrophylla* Griff.	食果植物	
漆树科	Anacardiaceae	南酸枣属	*Choerospondias*	南酸枣	*Choerospondias axillaris* (Roxb.) B. L. Burtt & A. W. Hill	食果植物	√
漆树科	Anacardiaceae	人面子属	*Dracontomelon*	人面子	*Dracontomelon duperreanum* Pierre	食果植物	√
漆树科	Anacardiaceae	杧果属	*Mangifera*	杧果	*Mangifera indica* L.	食果植物	
漆树科	Anacardiaceae	杧果属	*Mangifera*	天桃木	*Mangifera persiciforma* C. Y. Wu & T. L. Ming	食果植物	
漆树科	Anacardiaceae	槟榔青属	*Spondias*	南洋橄榄	*Spondias dulcis* Parkinson	食果植物	
漆树科	Anacardiaceae	槟榔青属	*Spondias*	槟榔青	*Spondias pinnata* (L. F.) Kurz	食果植物	
无患子科	Sapindaceae	咸鱼果属	*Blighia*	西非荔枝果	*Blighia sapida* K. D. Koenig	食果植物	
无患子科	Sapindaceae	龙眼属	*Dimocarpus*	龙眼	*Dimocarpus longan* Lour.	食果植物	
无患子科	Sapindaceae	龙眼属	*Dimocarpus*	红皮龙眼	*Dimocarpus longan* 'Red Ruby'	食果植物	
无患子科	Sapindaceae	荔枝属	*Litchi*	荔枝	*Litchi chinensis* Sonn.	食果植物	
无患子科	Sapindaceae	韶子属	*Nephelium*	红毛丹	*Nephelium lappaceum* L.	食果植物	
无患子科	Sapindaceae	韶子属	*Nephelium*	海南韶子	*Nephelium topengii* (Merr.) H. S. Lo	食果植物	√
芸香科	Rutaceae	山油柑属	*Acronychia*	山油柑	*Acronychia pedunculata* (L.) Miq.	食果植物	√
芸香科	Rutaceae	酒饼簕属	*Atalantia*	酒饼簕	*Atalantia buxifolia* (Poir.) Oliv.	食果植物	√
芸香科	Rutaceae	香肉果属	*Casimiroa*	香肉果	*Casimiroa edulis* La Llave	食果植物	
芸香科	Rutaceae	柑橘属	*Citrus*	手指柠檬	*Citrus australasica* F. Muell.	食果植物	

续表

科中文名	科拉丁名	属中文名	属拉丁名	中文学名	种拉丁名	用途	野生水果资源
芸香科	Rutaceae	柑橘属	Citrus	金柑	Citrus japonica Thunb.	食果植物	
芸香科	Rutaceae	柑橘属	Citrus	柠檬	Citrus × limon (Linnaeus) Osbeck	食果植物	
芸香科	Rutaceae	柑橘属	Citrus	香水柠檬	Citrus × limon 'Xiang Shui'	食果植物	
芸香科	Rutaceae	柑橘属	Citrus	柚	Citrus maxima (Burm.) Merr.	食果植物	
芸香科	Rutaceae	柑橘属	Citrus	沙田柚	Citrus maxima 'Shatian Yu'	食果植物	
芸香科	Rutaceae	柑橘属	Citrus	香橼	Citrus medica L.	食果植物	
芸香科	Rutaceae	柑橘属	Citrus	佛手	Citrus medica 'Fingered'	食果植物	
芸香科	Rutaceae	柑橘属	Citrus	四季橘	Citrus × microcarpa Bunge	食果植物	
芸香科	Rutaceae	黄皮属	Clausena	假黄皮	Clausena excavata Burm. F.	食果植物	✓
芸香科	Rutaceae	黄皮属	Clausena	黄皮	Clausena lansium (Lour.) Skeels	食果植物	
芸香科	Rutaceae	黄皮属	Clausena	光滑黄皮	Clausena lenis Drake	食果植物	✓
芸香科	Rutaceae	山小橘属	Glycosmis	小花山小橘	Glycosmis parviflora (Sims) Little	食果植物	✓
芸香科	Rutaceae	单叶藤橘属	Paramignya	单叶藤橘	Paramignya confertifolia Swingle	食果植物	✓
芸香科	Rutaceae	锦橘果属	Triphasia	锦橘果	Triphasia trifolia (Burm. f.) P. Wilson	食果植物	
楝科	Meliaceae	龙宫果属	Lansium	龙宫果	Lansium domesticum Corrêa	食果植物	
文定果科	Muntingiaceae	文定果属	Muntingia	文定果	Muntingia calabura L.	食果植物	✓
锦葵科	Malvaceae	猴面包树属	Adansonia	猴面包树	Adansonia digitata L.	食果植物	
锦葵科	Malvaceae	可乐果属	Cola	可乐果	Cola acuminata (P. Beauv.) Schott & Endl.	食果植物	
锦葵科	Malvaceae	榴莲属	Durio	红肉榴莲	Durio graveolens Becc.	食果植物	

续表

科中文名	科拉丁名	属中文名	属拉丁名	中文学名	种拉丁名	用途	野生水果资源
锦葵科	Malvaceae	榴莲属	*Durio*	榴莲	*Durio zibethinus* Rumph. ex Murray	食果植物	
锦葵科	Malvaceae	南瓜槭属	*Matisia*	椰柿	*Matisia cordata* Bonpl.	食果植物	
锦葵科	Malvaceae	苹婆属	*Sterculia*	假苹婆	*Sterculia lanceolata* Cav.	食果植物	
锦葵科	Malvaceae	苹婆属	*Sterculia*	苹婆	*Sterculia monosperma* Vent.	食果植物	
锦葵科	Malvaceae	可可属	*Theobroma*	二色可可	*Theobroma bicolor* Bonpl.	食果植物	
锦葵科	Malvaceae	可可属	*Theobroma*	可可	*Theobroma cacao* L.	食果植物	
锦葵科	Malvaceae	可可属	*Theobroma*	可可热引 4 号	*Theobroma cacao* 'Reyin 4'	食果植物	
锦葵科	Malvaceae	可可属	*Theobroma*	大花可可	*Theobroma grandiflorum* (Willd. ex Spreng.) K. Schum.	食果植物	
番木瓜科	Caricaceae	番木瓜属	*Carica*	番木瓜	*Carica papaya* L.	食果植物	
番木瓜科	Caricaceae	番木瓜属	*Carica*	黄金番木瓜	*Carica papaya* 'Gloden'	食果植物	
仙人掌科	Cactaceae	量天尺属	*Hylocereus*	哥斯达黎加量天尺	*Hylocereus costaricensis* (F. A. C. Weber) Britton & Rose	食果植物	
仙人掌科	Cactaceae	量天尺属	*Hylocereus*	黄麒麟量天尺	*Hylocereus megalanthus* (K. Schum. ex Vaupel) Ralf Bauer	食果植物	
仙人掌科	Cactaceae	量天尺属	*Hylocereus*	红肉火龙果	*Hylocereus polyrhizus* (F. A. C. Weber) Britton & Rose	食果植物	
仙人掌科	Cactaceae	量天尺属	*Hylocereus*	量天尺	*Hylocereus undatus* (Haw.) Britton & Rose	食果植物	
仙人掌科	Cactaceae	仙人掌属	*Opuntia*	胭脂掌	*Opuntia cochenillifera* (L.) Mill.	食果植物	
仙人掌科	Cactaceae	仙人掌属	*Opuntia*	仙人掌	*Opuntia dillenii* (Ker Gawl.) Haw.	食果植物	√

续表

科中文名	科拉丁名	属中文名	属拉丁名	中文学名	种拉丁名	用途	野生水果资源
仙人掌科	Cactaceae	木麒麟属	Pereskia	大叶木麒麟	Pereskia grandifolia Haw.	食果植物	
山茱萸科	Cornaceae	八角枫属	Alangium	土坛树	Alangium salviifolium (L. f.) Wanger.	食果植物	√
山榄科	Sapotaceae	星苹果属	Chrysophyllum	星苹果	Chrysophyllum cainito L.	食果植物	
山榄科	Sapotaceae	铁线子属	Manilkara	人心果	Manilkara zapota (L.) P. Royen	食果植物	
山榄科	Sapotaceae	桃榄属	Pouteria	黄晶果	Pouteria caimito (Ruiz & Pav.) Radlk.	食果植物	
山榄科	Sapotaceae	桃榄属	Pouteria	蛋黄果	Pouteria campechiana (Kunth) Baehni	食果植物	
山榄科	Sapotaceae	桃榄属	Pouteria	木瓜蛋黄果	Pouteria campechiana 'Mu Gua'	食果植物	
山榄科	Sapotaceae	桃榄属	Pouteria	美桃榄	Pouteria sapota (Jacq.) H. E. Moore & Stearn	食果植物	
山榄科	Sapotaceae	神秘果属	Synsepalum	神秘果	Synsepalum dulcificum Daniell	食果植物	
柿科	Ebenaceae	柿属	Diospyros	黑肉柿	Diospyros nigra (J. F. Gmel.) Perr.	食果植物	
柿科	Ebenaceae	柿属	Diospyros	异色柿	Diospyros philippinensis A. DC.	食果植物	
报春花科	Primulaceae	酸藤子属	Embelia	白花酸藤果	Embelia ribes Burm. F.	食果植物	√
报春花科	Primulaceae	酸藤子属	Embelia	平叶酸藤子	Embelia undulata (Wall.) Mez	食果植物	√
茶茱萸科	Icacinaceae	定心藤属	Mappianthus	定心藤	Mappianthus iodoides Hand.–Mazz.	食果植物	√
茜草科	Rubiaceae	猪肚木属	Canthium	猪肚木	Canthium horridum Blume	食果植物	√
茜草科	Rubiaceae	咖啡属	Coffea	小粒咖啡	Coffea arabica L.	食果植物	
茜草科	Rubiaceae	咖啡属	Coffea	中粒咖啡	Coffea canephora Pierre ex A. Froehner	食果植物	
茜草科	Rubiaceae	咖啡属	Coffea	大粒咖啡	Coffea liberica W. Bull ex Hiern	食果植物	
茜草科	Rubiaceae	咖啡属	Coffea	总序咖啡	Coffea racemosa Lour.	食果植物	

续表

科中文名	科拉丁名	属中文名	属拉丁名	中文学名	种拉丁名	用途	野生水果资源
茜草科	Rubiaceae	巴戟天属	Morinda	海滨木巴戟	*Morinda citrifolia* L.	食果植物	
夹竹桃科	Apocynaceae	毛车藤属	Amalocalyx	毛车藤	*Amalocalyx microlobus* Pierre	食果植物	∨
夹竹桃科	Apocynaceae	假虎刺属	Carissa	刺黄果	*Carissa carandas* L.	食果植物	
茄科	Solanaceae	灯笼果属	Physalis	灯笼果	*Physalis peruviana* L.	食果植物	∨
茄科	Solanaceae	茄属	Solanum	红茄	*Solanum aethiopicum* L.	食果植物	
茄科	Solanaceae	茄属	Solanum	大果茄	*Solanum macrocarpon* L.	食果植物	
紫葳科	Bignoniaceae	蜡烛树属	Parmentiera	食用蜡烛树	*Parmentiera aculeata* (Kunth) Seem.	食果植物	
紫葳科	Bignoniaceae	蜡烛树属	Parmentiera	蜡烛树	*Parmentiera cereifera* Seem.	食果植物	

二、热带特色水果在兴隆热带植物园的观赏价值

除了食用外，有些热带特色水果资源还具有极高的观赏价值。例如千指蕉、朝天蕉、佛手蕉、怒江红芭蕉、牛角蕉、蛋黄果、金星果、刺黄果、面包树、波罗蜜、可可、圆滑番荔枝、鳄梨、蛇皮果、大果榕、红皮龙眼、腰果、黄金番木瓜、手指柠檬等水果常常栽种在兴隆热带植物园的观赏区，以便游客观赏。

还有一些野生未驯化的热区水果资源，食用价值不高，但是因其叶片独特、花朵芳香、果实奇特和植株形态优美，常常具有较高的观赏价值。例如番荔枝科的刺果紫玉盘、山椒子、紫玉盘、暗罗、蕉木等，它们果肉美味，但是果肉薄种子大，很影响口感（图 2-1）；葫芦科的金铃子和木鳖子，可食用的部分仅仅为薄薄的红色假种皮（图 2-2）；枳椇、桃金娘、金樱子等野生果实由于果肉少，吃起来费劲而多被拿来泡酒（图 2-3）；有些植物可以食用，但是果实不成熟吃了后会中毒，例如天南星科的龟背竹，果实吃起来有香蕉、凤梨和草莓的味道，若果实不成熟时会产生毒性（图 2-4）。山椒子的果肉虽少，但是果实像一串金灿灿的芭蕉，在海南当地也被叫作山芭蕉（图 2-5）；龟背竹标志性的裂叶让它具有较高的观赏价值；蕉木的树形优美，我们在园区道路两旁种满了蕉木当作行道树（图 2-6）。

蕉木果实

刺果紫玉盘果实

图 2-1　蕉木与刺果紫玉盘的种子大果肉薄

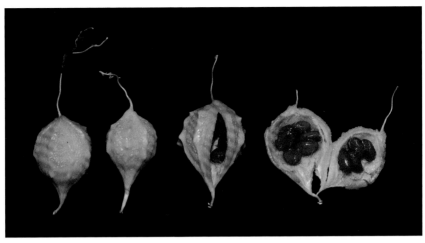

图 2-2 金铃子主要食用红色假种皮

图 2-3 桃金娘与金樱子果实图

图 2-4 龟背竹景观与果实图

<table>
<tr><td>山椒子的果实像一串芭蕉</td><td>山椒子花大而红艳</td></tr>
</table>

图 2-5　山椒子花与果实图

图 2-6　蕉木林

三、热带特色水果在兴隆热带植物园的主要应用模式

1. 孤植绿化

为突出热带特色水果资源个体的"天生丽质"，在园区主要道路口及醒目的位置单独种植树形优美、花朵芳香、果实硕大、结果丰盛的面包树、大果榕、山

竹等，使得绿化效果、美化效果和观赏效果极佳（图 2-7）。

图 2-7　大果榕

2. 道路绿化

在园区主要道路两旁种植观赏价值极高的热带特色水果，如可可、椰子、星萍果和波罗蜜等。不仅为公众展示热带特色水果资源的花、果、叶，而且提高了绿化美化水平，打造了园林美丽园区（图 2-8）。

图 2-8　园区道路两旁椰子与可可间作

3. 观赏园（片植）绿化

以小面积成片种植热带特色水果资源，如波罗蜜、可可、神秘果、杧果、黄晶果、大果番樱桃、莲雾和嘉宝果等。既可观赏热带果实个体的"天生丽质"，又可观赏热带特色水果资源群体的"群芳争艳"。主要在主道路旁、观赏园出口、生态湖边等主要位置成片种植，形成果林，景观开阔且气势非凡，极具感官震撼。如波罗蜜，长在树干上硕大的果实极其吸引游客的眼球；成片的莲雾，果实成熟时犹如成千上万个红色铃铛挂满枝头，尤为壮观；可可树干上布满米粒般小花，挂着红、黄、绿的果实，十分奇特，具有热带植物典型的"老茎生花结果"特征，树姿优美，极具科普观赏价值。

四、热带特色水果在兴隆热带植物园的作用

1. 热带特色水果资源的美化作用

热带特色水果除具有一般园林树木的形态美外，还具有色彩缤纷、芳香四溢的花朵、硕果满盈和形状奇特的果实，如大果西番莲，花大并且很艳丽，果实奇特，是植物园棚架绿化和观果的好材料（图2-9）。园区中会利用特色果实打造果实景观，例如椰子老果造景，待老椰子发芽长到80～100 cm高再移植，起到了既能造景又能育苗的功能（图2-10）。热带特色水果资源在植物园中形成的景观效果是极其丰富的，可观叶、观花、观果、闻花香及果香等。大部分热带特色水果的花期和果期长，几乎一年四季都可以看到开花和结果，如小樱桃山竹和朝天蕉等在兴隆热带植物园可以一年四季开花结果（图2-11）。

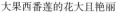
大果西番莲的花大且艳丽

图2-9　西番莲、麻雀花和美丽马兜铃组合的棚架绿化

图 2–10　椰子果实造景

图 2–11　朝天蕉在植物园常年开花结果

2. 热带特色水果的生态作用

热带特色水果枝繁叶茂，具有减低风速、除尘、保持水土、减弱噪音和调节小气候等作用。同时，番木瓜、波罗蜜和火龙果等花期较长，可吸引更多的蜜蜂、蝴蝶等访花昆虫。在果实成熟期，吸引大量以果实为食的鸟类和小型动物，当可可果、红毛丹、蛋黄果等成熟之时，就是松鼠"囊中之物"，直接把树上果实吃掉，可谓"果实熟了松鼠先知"。踏入兴隆热带植物园的大门，不仅能感受到众多热带植物带来的视觉冲击，更能体验到人与自然的和谐融洽（图2-12）。

图2-12　园区松鼠吃剩下的红毛丹果壳

3. 热带特色水果的文化作用

热带特色水果不仅具有很高的观赏价值和食用价值，还具有极其丰富的文化内涵。如观赏价值极高的千指蕉，谐音"千子蕉"，蕴意百子千孙；石榴树的果实也寓意着多子多福；在民俗和传说中，杧果是幸福和爱情的象征。刺果番荔枝也被叫做红毛榴梿，其中一个原因是它的外形酷似榴梿，另外一个原因就是在殖民时期，英国和荷兰人都喜欢吃这个水果，又加上荷兰人的头发偏红色，老百姓经常把他们叫红毛，所以这个果实，又被很形象地叫作红毛榴梿（图2-13）。西非荔枝果是牙买加的国果，但是西非荔枝果不能像吃水果那样直接吃，因为没有成熟的果实中含有大量的次甘氨酸，食用后会产生不良反应。但是牙买加人会把其果实和咸鱼一起做成牙买加的国菜，叫作"荔枝果咸鱼饭"，这也是西非荔枝果被叫做咸鱼果的原因。在马来西亚，妇女分娩后举行庆祝仪式，将马六甲蒲桃的花和果实做成水果沙拉给客人食用。大花可可原产亚马孙，当地妇女生产后会吃大花可可来补充营养。兴隆热带植物园就像是一本热带植物的百科全书，在展示热带植物形态美的同时，也在向您讲解热带特色水果的文化内涵。

千指蕉寓意"百子千孙"

刺果番荔枝——"红毛榴梿"

图2-13　热带特色水果资源的文化寓意

4. 热带特色水果的科普作用

兴隆热带植物园具有完善的科普设施和平台，获批国家生态环境科普基地和中国科协2021—2025年第一批全国科普教育基地（图2-14）。热带特色水果在兴隆热带植物园不仅起到绿化美化环境的作用，同时也为公众展示了热带特色水果的生长发育过程，使更多的人认识、了解、熟悉及喜欢上热带特色水果，特别是对中小学生进行科普知识宣讲，让他们了解热带特色水果从开花到结果的生长过程及生长习性的植物知识，感受热带特色水果植物的魅力，为国家实施科教兴国战略和提高公众科学文化素质做出贡献。

图 2-14　国家生态环境科普基地

03

第三章

热带特色水果资源种类详述

一、五味子科 Schisandraceae

1. 黑老虎 *Kadsura coccinea* (Lem.) A. C. Sm.

别称：过山龙藤、臭饭团

形态特征：常绿木质藤本，全株无毛。叶革质，全缘，长圆形或卵状披针形。花单生于叶腋，雌雄异株；花被片红色，中轮最大1片椭圆形，最内轮3片肉质；雄花花托长圆锥形，雄蕊群椭圆形或近球形；雌花花托近球形，花柱短钻状。聚合果近球形，红或暗紫色；小浆果倒卵圆形。花期4—7月；果期7—11月。

生境与分布：喜生于山地疏林中。产于广东、广西、贵州、海南、湖南、江西、四川、香港、云南等地。老挝、缅甸、泰国、越南也有分布。

利用：食果植物。紫红色果实可以直接食用。

二、番荔枝科 Annonaceae

2. 圆滑番荔枝 *Annona glabra* L.

别称：牛心果

形态特征：常绿乔木，高达 10 m。叶纸质，卵圆形、长圆形或椭圆形，无毛；叶片腹面有光泽；背面浅绿色。花芳香，外轮花瓣白黄色或绿黄色，内面近基部有红斑，内轮花瓣较外轮花瓣短而狭，外面黄白色或浅绿色，内面基部红色。果牛心状，平滑无毛。花期 5—6 月；果期 8 月。

生境与分布：喜湿热气候。原产于热带美洲，现亚洲热带地区也有栽培。广东、广西、海南、台湾、云南、浙江等省区有引种栽培。

利用：食果植物。果肉有一种香蕉和菠萝的混合味，可以直接食用；也可以用来做果酱和果冻。

3. 山刺番荔枝 *Annona montana* Macf.

别称：山地番荔枝

形态特征：常绿乔木，高达 10 m。叶片纸质，椭圆形；叶片腹面颜色由浅到深绿色，背面淡绿色。圆锥花序顶生或腋生在树干上，1 或 2 花；外轮花瓣淡黄棕色，宽卵形，内轮花瓣橙色，短于外花瓣。果实椭圆形或卵球形，具有芳香气味；果肉黄色。花期 5—6 月；果期 7—9 月。

生境与分布：喜湿热气候。原产于热带美洲西部。广东、海南、台湾有引种栽培。

利用：食果植物。山刺番荔枝的果实完全成熟后可以直接食用，或与冰激凌和牛奶混合制成饮料。

4. 黄龙番荔枝 Annona mucosa Jacq.

别称：米糕果、米糕霹雳果、黄龙释迦果

形态特征：常绿乔木，高达 10 m。叶片革质，腹面光滑，有光泽，背面具短柔毛。花雌雄同体，单生或 2～3 生长在长花梗上；3 个肉质的外花瓣具有向上或处于水平的翅，3 个内花瓣不发育。果实圆锥形或心形；果皮黄色；果肉白色多汁，半透明状。种子深棕色到黑色。花期 4—6 月；果期 7—11 月。

生境与分布：喜湿热气候。原产于中南美洲。广东和海南有引种栽培。

利用：食果植物。黄龙番荔枝具有焦糖或奶油布丁的味道，因其颜色和口感像米糕一样，又被称为米糕果；在巴西，人们经常把它榨成汁与牛奶混合在一起喝；它还可以用来制作奶昔、果酱和果冻。

5. 刺果番荔枝 *Annona muricata* L.

别称：红毛榴梿

形态特征：常绿乔木，高 8 ～ 10 m。叶纸质，倒卵状长圆形或椭圆形；腹面翠绿色而有光泽，背面浅绿色。花卵圆形，淡黄色；萼片卵状椭圆形；外轮花瓣厚，阔三角形，内轮花瓣稍薄，卵状椭圆形。果卵圆状，深绿色，幼时有下弯的刺，刺随后逐渐脱落而残存有小突体；果肉微酸多汁，白色。种子多颗，肾形，棕黄色。花期 4—7 月；果期 7 月至次年 3 月。

生境与分布：原产于热带美洲，亚洲热带地区也有栽培。广东、广西、海南、台湾和云南等省区有栽种。

利用：食果植物。果实可以直接食用。

区别与鉴定：刺果番荔枝 *A. muricata* 与山刺番荔枝 *A. montana* 相似，很容易认错，区别在前者的花瓣不光滑，而后者花瓣光滑。

6. 牛心番荔枝 *Annona reticulata* L.

别称：牛心果

形态特征：常绿乔木，高约 6 m。叶纸质，长圆状披针形；两面无毛，叶背面绿色。总花梗与叶对生或互生，有花 2～10 朵；外轮花瓣长圆形，肉质，黄色，基部紫色，内轮花瓣退化成鳞片状。果实由多数成熟心皮连合成近圆球状心形的肉质聚合浆果，不分开，平滑无毛，有网状纹，成熟时暗黄色；果肉牛油状，附着于种子上。种子长卵圆形。花期 11 月至次年 3 月；果期 3—6 月。

生境与分布：原产于热带美洲，现亚洲热带地区均有栽培。我国福建、广东、广西、海南、台湾、云南等省区有栽培。

利用：食果植物。成熟的果实切开后直接食用，也可以制成冰激凌和果酱。

7. 番荔枝 *Annona squamosa* L.

别称：释迦果

形态特征：落叶小乔木，高 3 ~ 8 m。叶椭圆状披针形或长圆形；叶背苍白绿色，初时被微毛，后变无毛。花单生或 2 ~ 4 朵聚生于枝顶或与叶对生，青黄色，下垂；外轮花瓣狭而厚，肉质，长圆形，内轮花瓣极小。聚合浆果圆球状或心状圆锥形，黄绿色且无毛，外面被白色粉霜。花期 5—6 月；果期 6—11 月。

生境与分布：原产于热带美洲。我国福建、广东、广西、海南、台湾、云南和浙江等省区均有分布。

利用：食果植物。成熟的果实可直接食用。

8. 红果番荔枝 *Annona squamosa* 'RED SUGAR'

别称：玫瑰释迦果

形态特征：红果番荔枝是番荔枝的品种，与番荔枝不同的是果皮玫红色。

生境与分布：我国海南有种植。

利用：食果植物。成熟的果实可直接食用。

9. 蕉木 *Chieniodendron hainanense* (Merr.) Tsiang et P. T. Li

别称：海南山指甲、山蕉

形态特征：常绿乔木，高可达 16 m。小枝、小苞片、花梗、萼片外面、外轮花瓣两面、内轮花瓣外面和果实均被锈色柔毛。叶薄纸质，长圆形或长圆状披针形。花黄绿色，1 ～ 2 朵腋生或腋外生；外轮花瓣长卵圆形，内轮花瓣略厚而短。果长圆筒状或倒卵状，外果皮有凸起纵脊。种子间有缢纹，斜四方形。花期 4—12 月；果期冬季至次年春季。

生境与分布：生于山谷水旁的密林中。产于广西和海南。

利用：食果植物。成熟果实果肉香气怡人，口感似冰激凌。但是种子较大，食用起来影响口感。

10. 瓜馥木 *Fissistigma oldhamii* (Hemsl.) Merr.

别称：毛瓜馥木、古风子、香藤风

形态特征：攀缘灌木，长约 8 m。叶革质，倒卵状椭圆形或长圆形；叶片腹面无毛，背面被短柔毛，老渐几无毛。花 1～3 朵集成密伞花序；花瓣淡黄色到金色，外轮花瓣卵状长圆形，内轮花瓣卵状披针形。单果圆球状，密被黄棕色茸毛。每个单果具有种子 4 颗，圆形。花期 4—9 月；果期 7 月至次年 2 月。

生境与分布：生于低海拔山谷水旁灌木丛中。产于福建、广东、广西、海南、湖南、江西、台湾、云南、浙江。越南也有分布。

利用：食果植物。

11. 细基丸 *Huberantha cerasoides* (Roxb.) Chaowasku

别称：红英、山芭蕉、老人皮

形态特征：常绿乔木，高达 20 m。叶纸质，长圆形、披针形或椭圆形；叶片腹面中脉被微毛，叶背被柔毛。花单生叶腋，绿色；花瓣长卵形，内外轮近等长或内轮稍短。单果球形或卵圆形，红色。花期 3—5 月；果期 4—11 月。

生境与分布：生于丘陵山地或低海拔的山地疏林中。产于广东、海南和云南。柬埔寨、老挝、缅甸、泰国、印度和越南等都有分布。

利用：食果植物。

12. 海滨弯瓣木 *Marsypopetalum littorale* (Blume) B. Xue & R. M. K. Saunders

别称：黑皮根、弯瓣木、陵水暗罗

形态特征：小乔木或灌木状，高达 5 m。叶革质，长圆形或长圆状披针形；两面无毛。花白色，单朵与叶对生；花瓣长椭圆形，内外轮花瓣等长或内轮稍短。果卵状椭圆形，红色。花期 3—9 月；果期 10 月至次年 1 月。

生境与分布：生于低海拔至中海拔山地林中阴湿处。产于广东、广西、海南（乐东、三亚、陵水、保亭、万宁、白沙等地）、云南。泰国、印度尼西亚和越南也有分布。

利用：食果植物。

13. 暗罗 *Polyalthia suberosa* (Roxb.) Thwaites

别称：老人皮、鸡爪树

形态特征：小乔木，高达 5 m。树皮老时栓皮状，灰色。叶纸质，椭圆状长圆形，或倒披针状长圆形；叶面无毛，叶背被疏柔毛，老渐无毛。花淡黄色，1～2 朵与叶对生；外轮花瓣与萼片同形，但较长，内轮花瓣长于外轮花瓣 1～2 倍。果近圆球状，被短柔毛，成熟时果实黑色。花期几乎全年；果期 6 月至次年春季。

生境与分布：生于低海拔山地疏林中。产于广东、广西、海南。菲律宾、老挝、马来西亚、缅甸、斯里兰卡、泰国、印度和越南也有分布。

利用：食果植物。

14. 嘉宝榄 *Stelechocarpus burahol* (Blume) Hook. f. & Thomson

别称：香波果、茎花玉盘

形态特征：常绿乔木，高可达 25 m。叶片从浅粉色变成酒红色，然后再变成鲜艳的绿色。花瓣黄色，着生在树干上。果实卵形或球形。种子椭圆形。果期7—8 月。

生境与分布：喜生于潮湿环境中。原产于印度尼西亚的热带雨林。广东和海南（万宁、琼海、儋州）有引种栽培。

利用：食果植物。食用嘉宝榄后，身体会散发出紫罗兰香水的气味。

15. 刺果紫玉盘 *Uvaria calamistrata* Hance

别称：毛荔枝藤、山香蕉

形态特征：攀缘灌木。叶近革质或厚纸质，长圆形、椭圆形或倒卵状长圆形；叶腹面被稀疏星状短柔毛，老渐无毛，背面密被锈色星状茸毛。花淡黄色，单生或 2 ～ 4 朵组成密伞花序，腋生或与叶对生；内外轮花瓣近等大或外轮稍大于内轮，长圆形。果椭圆形，密被黄色茸毛状的软刺，内有种子约 6 颗。种子扁三角形。花期 5—7 月；果期 7—12 月。

生境与分布：生于山地林中或山谷水沟旁灌木丛中。产于广东、广西。海南有引种。越南有分布。

利用：食果植物。成熟的果实可食用。

16. 山椒子 *Uvaria grandiflora* Roxb. ex Hornem.

别称：大花紫玉盘、山芭蕉罗

形态特征：攀缘灌木，长3 m。全株密被黄褐色星状柔毛至茸毛。叶纸质或近革质，长圆状倒卵形。花单朵，与叶对生，紫红色或深红色；花瓣卵圆形或长圆状卵圆形。果长圆柱状，顶端有尖头，成熟后橙黄色。种子卵圆形，扁平，种脐圆形。花期3—11月；果期5—12月。

生境与分布：生于低海拔灌木丛中或丘陵山地疏林中。产于广东南部、广西东南部和海南（澄迈、东方、三亚、白沙、乐东和万宁等地）。菲律宾、马来西亚、缅甸、斯里兰卡、泰国、印度、印度尼西亚和越南也有分布。

利用：成熟的果实外形酷似芭蕉，海南万宁地区也把它称作山芭蕉罗，果实熟透了可以直接食用。

17. 紫玉盘 *Uvaria macrophylla* Roxburgh

别称：那大紫玉盘

形态特征：攀缘灌木，长可达 15 m。叶纸质，椭圆形或倒卵状椭圆形。花单朵，与叶对生；花瓣暗红色，紫色，或带紫色，近卵形到长圆状椭圆形；内外轮略等长。果球形或卵圆形，暗紫褐色，顶端具短尖头。种子球形。花期 3—9月；果期 7 月至次年 3 月。

生境与分布：生于低海拔山地林或灌木丛中。产于福建、广东、广西、海南、台湾、云南东南部。菲律宾、马来西亚、孟加拉国、斯里兰卡、泰国、印度尼西亚和越南也有分布。

利用：食果植物。

三、樟科 Lauraceae

18. 鳄梨 *Persea americana* Mill

别称：牛油果、油梨

形态特征：常绿乔木，高约 10 m。叶互生，长椭圆形或椭圆形；叶片腹面绿色，叶背通常稍苍白色。聚伞状圆锥花序，多数生于小枝的下部；花淡绿带黄色，密被黄褐色短柔毛。果大，通常梨形，有时卵形或球形，黄绿色或红棕色；外果皮木栓质，中果皮肉质，可食。种子大，1 枚。花期 2—3 月；果期 8—9 月。

生境与分布：原产于热带美洲。福建、广东、海南、四川、台湾和云南等地都有栽培。菲律宾、俄罗斯等地有分布。

利用：食果植物。果实含有多种维生素、丰富的脂肪和蛋白质，营养价值很高。

四、天南星科 Araceae

19. 龟背竹 *Monstera deliciosa* Liebm.

别称：蓬莱蕉、龟背蕉、凤梨蕉

形态特征：攀缘灌木，茎绿色，粗壮。叶片大，心状卵形；叶腹面发亮，淡绿色，叶背面绿白色，边缘羽状分裂。佛焰苞厚革质，宽卵形；肉穗花序近圆柱形，淡黄色。浆果淡黄色，柱头周围有青紫色斑点。花期 8—9 月，果于次年花期之后成熟。

生境与分布：原产于墨西哥，各热带地区多引种栽培。福建、广东、海南和云南有引种栽培。巴拿马、哥斯达黎加、洪都拉斯、墨西哥、尼加拉瓜和危地马拉等地都有分布。

利用：食果植物。主要食用果序，但一定要等熟透了再吃，未成熟的果实含有较多的草酸盐，这种物质会刺激喉咙，导致发炎。

五、露兜树科 Pandanaceae

20. 露兜树 *Pandanus tectorius* Sol.

别称： 簕芦、林投

形态特征： 小乔木，具多分枝或不分枝的气根。叶簇生于枝顶，叶缘和背面中脉均有粗壮的锐刺。雄花序由若干穗状花序组成；佛焰苞长披针形，近白色，边缘和背面隆起的中脉上具细锯齿；雌花序头状，单生于枝顶，圆球形；佛焰苞多枚，乳白色。聚花果大，向下悬垂，由 40 ～ 80 个核果束组成，圆球形或长圆形；幼果绿色，成熟时橘红色。核果束倒圆锥形，宿存柱头乳头状、耳状或马蹄状。花果期常年。

生境与分布： 生于海岸沙地。产于福建、广东、广西、贵州、海南、台湾和云南。澳大利亚、菲律宾、新几内亚、印度尼西亚也有分布。

利用： 食果植物。可以直接食用，也可以用来榨汁或煮成果酱。

六、棕榈科 Arecaceae

21. 槟榔 *Areca catechu* L.

别称：大腹子、橄榄子

形态特征：乔木状，高 10 ～ 15 m。有明显的环状叶痕；叶簇生于茎顶；羽片多数，两面无毛，狭长披针形。雌雄同株；花序多分枝，曲折；着生 1 列或 2 列的雄花，而雌花单生于分枝的基部。果实长圆形或卵球形，成熟后橙黄色，中果皮厚，纤维质。种子卵形。花果期 3—4 月。

生境与分布：原产于马来西亚，在整个亚洲热带地区广泛种植。海南房屋周围都有种植。

利用：食果植物。在海南，先把绿色槟榔果切成四瓣，再剪取大小适合蒌叶（*Piper betle*）的叶片，在蒌叶片上涂抹适量的石灰膏，并折叠成三角形，最后将一瓣绿色槟榔果和蒌叶结一起放进嘴里咀嚼。

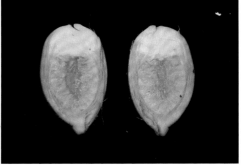

22. 糖棕 *Borassus flabellifer* L.

别称：扇叶糖棕、柬埔寨糖棕

形态特征：乔木，高可达 33 m。叶近圆形，掌状分裂，有裂片 60 ～ 80，裂至中部，线状披针形。雄花序具 3 ～ 5 个分枝，每分枝掌状分裂为 1 ～ 3 个小穗轴；花瓣匙形；雌花序约有 4 个分枝；雌花较大，球形。果实大，近球形，压扁；外果皮光滑，黑褐色；中果皮纤维质；内果皮由 3 个硬的分果核组成，包着种子。种子通常 3 颗。花果期 4—8 月。

生境与分布：喜湿热气候。原产于亚洲热带地区和非洲。我国海南和西双版纳有栽培。

利用：食果植物。果实未熟时在种子里面有一层凝胶状胚乳和少量清凉的水可直接食用。

23. 椰子 *Cocos nucifera* L.

别称：椰树

形态特征：乔木状高大植株，高 15 ～ 30 m。茎粗壮，有环状叶痕。叶羽状全裂，线状披针形。花序腋生；佛焰苞纺锤形。果卵球状或近球形，顶端微具三棱；外果皮薄，中果皮厚纤维质，内果皮木质坚硬，基部有 3 孔；果腔含有胚乳（即"果肉"或种仁）、胚和汁液（椰子水）。花果期常年。

生境与分布：通常生于沿海沙滩上。我国广东南部诸岛及雷州半岛、海南、台湾及云南南部热带地区有分布。所罗门群岛，汤加和瓦努阿图等地也有分布。

利用：椰子内未熟胚乳，即常说的椰肉，可作为热带水果食用；椰子水是一种可口的清凉饮料；成熟的椰肉含脂肪达 70%，可榨油。

24. 香水椰子 *Cocos nucifera* 'Xiang Shui'

别称：泰国香水椰、泰国椰青

形态特征：高 4～6 m。因椰子的液态胚乳（椰子水）发生了变异，产生了香味，被称为香水椰子。

生境与分布：原产于泰国。海南有引种栽培。

利用：食果植物。香水椰子最大的特点就是椰水和椰肉均具有特殊香味，而普通的椰子水只有淡淡的甜味。

25. 水椰 *Nypa fruticans* Wurmb

别称：亚答树

形态特征：具匍匐茎的丛生植物，根茎粗壮。叶片羽状全裂，坚硬而粗；羽片多数，整齐排列，线状披针形，外向折叠，中脉突起。花序长；雄花序柔荑状，着生于雌花序的侧边；雌花顶生。棕色的果密被簇生在头状的果序中，每个果实倒卵球形，具角。种子近球形或阔卵球形，胚乳白色。7月开花。

生境与分布：喜生于低洼的河口潮水泛滥地区，或有时在靠近沿海港湾泥沼地带。海南陵水、三亚、万宁和文昌等县有分布。菲律宾、柬埔寨、缅甸、斯里兰卡、泰国、新几内亚和越南也有分布。

利用：食果植物。嫩果可生食或糖渍。水椰在国内由于过度砍伐和采摘果实，分布受到极大影响，现在水椰已被列入中国《国家重点保护野生植物名录》——二级保护植物。而在柬埔寨、泰国等东南亚地区，水椰是可以买卖食用的。

26. 海枣 *Phoenix dactylifera* L.

别称：伊拉克枣、椰枣、伊拉克蜜枣

形态特征：乔木状，高达 35 m。叶片羽片线状披针形，具明显的龙骨突起。佛焰苞长、大而肥厚，花序为密集的圆锥花序。果实长圆形或长圆状椭圆形，成熟时深橙黄色；果肉肥厚。种子 1 颗。花期 3—4 月；果期 9—10 月。

生境与分布：原产于西亚和北非。国内福建、广东、广西、海南和云南等省区有引种栽培。

利用：食果植物。

27. 林刺葵 *Phoenix sylvestris* (L.) Roxb.

别称：银海枣、橙枣椰

形态特征：乔木，高达 16 m。叶密集成半球形树冠；叶完全无毛，羽片剑形，互生或对生；下部羽片较小，最后变为针刺。佛焰苞近革质，表面被糠秕状褐色鳞秕；花序直立，分枝花序纤细；花小，无小苞片；雄花狭长圆形或卵形，顶端钝，白色，具香味；花瓣 3；雌花近球形，花瓣 3。果实长圆状椭圆形或卵球形，橙黄色，顶端具短尖头。种子长圆形，两端圆，苍白褐色。果期 9—10 月。

生境与分布：原产于缅甸和印度。福建、广东、广西、海南和云南等省区有引种栽培。巴基斯坦、孟加拉国、尼泊尔、西喜马拉雅也有分布。

利用：食果植物。

28. 瓦理蛇皮果 *Salacca wallichiana* Mart.

别称：多刺蛇皮果、长序蛇皮果

形态特征：丛生灌木状植株，直立；茎短至无。羽状叶全裂，常 3～4 枚羽片簇生，叶腹面具小刺，黑色或褐色扁状长刺轮生于叶柄上。雌雄异株；穗状花序苞片及花序轴被褐色软毛；花瓣橙红色。果长椭圆形，具尖头；果皮橙红色。

生境与分布：喜生于潮湿环境。原产于马来西亚、缅甸、苏门答腊岛和泰国等地。国内广东、海南、台湾和云南有引种栽培。

利用：食果植物。

29. 蛇皮果 *Salacca zalacca* (Gaertn.) Voss

形态特征：丛生植株，几乎无茎。叶羽状全裂，长约 6 m，叶轴下部背面有针刺，上部无刺；羽片披针形，整齐排列。雄花序的序轴粗壮，具几个着生穗状花序的分枝花序；雌花序亦具粗壮序轴，有几个短而粗的着生穗状花序的分枝花序。果实球状陀螺形，果皮薄，壳质，密被钻状披针形的暗褐色而有光泽的鳞片。种子球形、半球形至钝三棱形。花果期 7—10 月。

生境与分布：生于潮湿的林下，或生长在沼泽地区和溪流岸边。产于爪哇岛、苏门答腊岛。海南和云南有引种栽培。马来西亚、印度尼西亚也有分布。

利用：食果植物。成熟的果实可以直接生吃，也可以被做成蜜饯。

七、芭蕉科 Musaceae

30. 小果野蕉 Musa acuminata Colla

别称： 阿加蕉、尖叶蕉

形态特征： 多年生草本植物；假茎高约 3 m，油绿色。叶片长圆形；叶腹面绿色，被蜡粉，叶背黄绿色，无蜡粉或被蜡粉。雄花合生花被片先端 3 裂，离生花被片长不及合生花被片之半。果序长 1.2 m；浆果圆柱形，绿色或黄绿色，具 5 棱角。果内具多数种子，种子褐色，不规则多棱形。

生境与分布： 多生长于沼泽、半沼泽、阴湿的沟谷或坡地上。产于云南东南部至西部及广西西部；福建、广东、海南和台湾有引种栽培。菲律宾、马来西亚、缅甸、泰国、印度、印度尼西亚（爪哇）、越南也有分布。

利用： 食果植物。果实可以食用。本种是目前世界上栽培香蕉的亲本种之一。

31. 牛角蕉 *Musa* 'African Rhino Horn'

别称: 李林蕉

形态特征: 草本植物,高 8 ~ 15 m,黄绿色。叶薄,黄绿色。每株仅结一梳果;7 ~ 18 个果,果长 23 ~ 24 cm;果直,果棱明显,熟后果皮土黄色;单果长可达 60 cm,重 1 ~ 1.5 kg;肉质柔嫩、味甜。花果期 7—9 月。

生境与分布: 原产于西印度群岛。海南和云南有引种栽培。

利用: 食果植物。牛角蕉因为长相似牛角而得名。它是 20 世纪五六十年代兴隆华侨农场和华南热带作物研究院从印度尼西亚引入的品种。牛角蕉成熟后可以直接食用,有点涩,味道和香蕉相似;未成熟的牛角蕉也可以食用,切片炸或煎煮味道更好。

32. 芭蕉 *Musa basjoo* Siebold & Zucc. ex Iinuma

别称：甘蕉、芭蕉头

形态特征：草本植物，植株高 2.5 ～ 4 m。叶片长圆形；叶腹面鲜绿色，有光泽。花序顶生，下垂；苞片红褐色或紫色；雄花生于花序上部，雌花生于花序下部；离生花被片几与合生花被片等长。浆果三棱状，长圆形，肉质。种子黑色。

生境与分布：原产于朝鲜、日本。福建、广东、广西、贵州、海南、湖北、湖南、江苏、江西、四川、云南和浙江有栽培。

利用：食果植物。成熟的果实可以食用。

33. 千指蕉 *Musa chiliocarpa* Backer ex K. Heyne

别称：象鼻蕉，千层蕉

形态特征：多年生常绿草本植物，高 3 ~ 5 m。开花的时候花序轴会一直向下延伸，已经授粉完成的花朵逐渐发育成果实，往往上部分的果实已经成熟，花序轴仍不断向下生长，几乎贴近地面。有记录果实有上千个；果实长 7 ~ 8 cm，无籽；成熟后果皮土黄色，可以食用。花果期常年。

生境与分布：原产于印度尼西亚、马来西亚等东南亚地区。国内海南（兴隆）、云南（西双版纳）有引种栽培。

利用：观赏与食果植物。成熟果实没有籽，味道和口感与芭蕉类似。

34. 红香蕉 *Musa* 'Dacca'

别称：红美人蕉

形态特征：草本植物，假茎高 3 ~ 3.5 m，叶片大而厚。红香蕉在成熟时果皮呈红色，果肉柔滑如奶油，优于普通香蕉。

生境与分布：目前在广东、广西、海南、台湾等地都有种植。

利用：食果植物。成熟的果实可以食用。

35.　香蕉 *Musa nana* Lour.

别称：矮脚香蕉、中国矮蕉

形态特征：草本植物，植株具匍匐茎，高达 5 m。假茎浓绿带黑斑，被白粉。叶长圆形；叶腹面深绿色，无白粉，叶背浅绿色，被白粉。穗状花序下垂，花序轴密被褐色柔毛，苞片外面紫红色，被白粉；花乳白色或稍带淡紫色。果有 4～5 棱，先端渐窄；果柄短；果皮青绿色，成熟后变黄；果肉松软，黄白色，味甜，香味浓。无种子。

生境与分布：原产于我国南部。海南各地有栽培。

利用：食果植物。

36. 大蕉 *Musa × paradisiaca* L.

别称：粉蕉、酸蕉、粉芭蕉

形态特征：草本植物，高 3～7 m。具匍匐茎，假茎厚而粗重，多少被白粉。叶直立或上举，长圆形；叶片腹面深绿，叶背淡绿，被明显的白粉。穗状花序下垂，花序轴无毛；花被片黄白色。果序由 7～8 段至数 10 段的果束组成；果长圆形，果身直或微弯曲；果肉细腻，紧实，未成熟前味涩，成熟时味甜或略带酸味。无种子或具少数种子。

生境与分布：原产于马来西亚和印度等地。福建、广东、广西、海南、台湾和云南等地均有栽培。

利用：食果植物。果实可以食用。

37. 佛手蕉 *Musa* × *paradisiaca* 'Praying Hands'

别称： 佛手芭蕉、合手蕉

形态特征： 草本植物，假茎高 4 ~ 6 m。叶腹面有光泽，绿色。雌雄同株；花黄色，在长的总状花序内被猩红色革质苞片包围。浆果四棱状，每两个相邻的浆果融合在一起；果实成熟后由绿色变为黄色。

生境与分布： 喜生于肥沃土壤中。原产于菲律宾、密克罗尼西亚。海南有栽培。

利用： 食果植物。每两个相邻的果实融合在一起，看起来就像祈祷的手；果肉成熟后可食用，有香草的味道。

38. 怒江红芭蕉 *Musa rubinea* Häkkinen & C. H. Teo

别称：红矮芭蕉

形态特征：多年生草本植物，植株高 3 ～ 5 m。叶片深绿色。花序向上生长，花苞片深粉色；花黄色。果实红色，向上生长。花期 5—7 月；果期 7—9 月。

生境与分布：喜生于潮湿的热带雨林中。原产于中国云南。海南（兴隆）有引种栽培。

利用：观赏与食果植物。

39. 血红蕉 *Musa sanguinea* Hook. f.

形态特征：草本植物，假茎丛生，高 1.5～2 m。叶片深绿色，卵状长圆形。花序直立或上升；带红色的苞片，卵状披针形；花生于下部苞片；合生花被片嫩黄色；离生花被片黄色。浆果三棱形，灰黄色或绿色，表皮具红色斑点。种子多数，黑色。

生境与分布：生于峡谷底部或半沼泽地。原产于中国（西藏）；海南兴隆热带植物园和云南有引种栽培。不丹、尼泊尔、印度也有栽种。

利用：观赏与食果植物。

40. 朝天蕉 *Musa velutina* H. Wendl. et Drude

别称： 紫蕉、毛绒香蕉

形态特征： 多年生草本植物，植株矮小，通常 1.5 ～ 2 m。叶片深绿色。花序向上生长；花苞片粉红色；拱形穗状，花乳白色到黄色。果实粉红色，向上生长；果实表面具茸毛，成熟后开裂，露出白色果肉和黑色种子。常年开花结果。

生境与分布： 喜生在阳光充足的环境中。原产于印度北部。广东、海南（兴隆）、云南（西双版纳）有栽种。

利用： 观赏与食果植物。朝天蕉成熟的果实在树上直接裂开，果肉白色，种子黑色，果肉的味道与香蕉相似，但是种子太多影响口感。

八、凤梨科 Bromeliaceae

41. 迷你小菠萝 *Ananas ananassoides* (Baker) L. B. Sm.

别称：小菠萝

形态特征：多年生草本植物，叶子呈剑形，长而硬，边缘有尖锐的刺。花从植物的中间伸出，直立而长；花簇生在茎上，有几片小叶子；单瓣花小而管状，白色带紫色的花尖。聚花果肉质，长 3 ～ 5 cm；果实呈粉红色，成熟时变为淡黄色。

生境与分布：喜湿热气候。原产于巴西、玻利维亚、秘鲁和委内瑞拉。上海、武汉、海南（兴隆）有栽种。

利用：观赏与食果植物。成熟的果实颜色淡黄色，可以食用，口感与凤梨相同。

42. 凤梨 *Ananas comosus* (L.) Merr.

别称：露兜子、菠萝

形态特征：草本植物，茎短。叶多数，莲座式排列，剑形；叶腹面绿色，叶背面粉绿色。花序于叶丛中抽出，结果时增大；苞片基部绿色，上半部淡红色，三角状卵形；萼片宽卵形，肉质，顶端带红色；花瓣长椭圆形，上部紫红色，下部白色。聚花果肉质，长 15 cm 以上。花期夏季至冬季。

生境与分布：原产于南美洲，广植于热带地区。广东、广西、海南、台湾、云南南部有栽培。

利用：食果植物。成熟后的凤梨可以直接食用，香甜多汁。

九、木通科 Lardizabalaceae

43. 野木瓜 *Stauntonia chinensis* DC.

别称：山芭蕉、海南野木瓜

形态特征：常绿木质藤本，茎纤细。小叶（3）5～7（8），革质，长圆形、长圆状披针形或倒卵状椭圆形。花雌雄同株；通常3～4朵组成伞房花序式的总状花序；雄花萼片外面淡黄色或乳白色，内面紫红色；雌花萼片与雄花的相似但稍大。果长圆形，成熟后橙黄色；果肉黄色包裹着种子。种子近三角形。花期3—4月；果期6—10月。

生境与分布：生于山地密林、山腰灌丛或山谷溪边树林中。产于安徽、福建、广东、广西、贵州、海南、湖南、江西、香港、云南、浙江。

利用：食果植物。成熟果实的果肉金黄色，可以食用。

十、山龙眼科 Proteaceae

44. 澳洲坚果 *Macadamia integrifolia* Maiden & Betche

别称：夏威夷果

形态特征：乔木，高5～15 m。叶革质，通常3枚轮生或近对生，长圆形至倒披针形。总状花序，腋生或近顶生；花淡黄色或白色。果球形，顶端具短尖，果皮开裂。种子通常球形，种皮骨质，光滑。花期4—5月；果期7—8月。

生境与分布：原产于澳大利亚的东南部热带雨林中，现世界热带地区有栽种。广东、海南、台湾、云南有栽种。

利用：果为著名干果，种子供食用。

十一、五桠果科 Dilleniaceae

45. 五桠果 *Dillenia indica* L.

形态特征：常绿乔木，高 25 m。叶薄革质，矩圆形或倒卵状矩圆形；上下两面初时有柔毛。花单生于枝顶叶腋内；萼片 5 个，肥厚肉质，近于圆形；花瓣白色，倒卵形。果实圆球形，不裂开；宿存萼片肥厚，稍增大。种子压扁，边缘有毛。花期 5—7 月；果期 7—9 月。

生境与分布：喜生山谷溪旁水湿地带。原产于印度和马来西亚。广西、云南有分布；海南有栽培。

利用：食果植物。

46. 大花五桠果 *Dillenia turbinata* Finet & Gagnep.

别称： 大花第伦桃

形态特征： 常绿乔木，高达 30 m。叶革质，倒卵形或长倒卵形；幼嫩时叶片上下两面有柔毛，老叶上面变秃净。总状花序生枝顶，有花 3 ～ 5 朵；花大，有香气；花瓣薄，黄色，有时黄白色或浅红色，倒卵形。果实近于圆球形，不开裂，暗红色。每个成熟心皮有种子 1 或多个；种子倒卵形。花期 4—5 月。

生境与分布： 生于低海拔的森林中。广东、广西、海南和云南有分布。老挝和越南也有分布。

利用： 食果植物。

十二、葡萄科 Vitaceae

47. 葡萄 *Vitis vinifera* L.

别称：全球红

形态特征：木质藤本，小枝无毛或被稀疏柔毛。卷须二叉分枝；叶宽卵圆形，3～5浅裂或中裂。圆锥花序密集或疏散，多花，与叶对生。果球形或椭圆形。种子倒卵状椭圆形。花期4—5月；果期8—9月。

生境与分布：原产于亚洲西部，现世界各地广泛栽培。我国各地栽培。

利用：食果植物。

十三、豆科 Fabaceae

48. 印加豆 *Inga edulis* Mart.

别称： 冰激凌豆

形态特征： 常绿乔木，树高可达 30 m。叶羽状 4～6 对，深绿色。穗状花序腋生，花瓣 5，茸毛状。果实圆柱形带肋，不开裂，豆荚状。种子 10～20 枚，卵形，紫黑色或橄榄色；种子周围的假种皮（果肉）白色，像棉花一样。花期 6—7 月；果期 8—12 月。

生境与分布： 喜生长于阳光充足的环境中。原产于南美洲。广东、海南（保亭、儋州、琼海、万宁和三亚）和云南（西双版纳）有栽培。

利用： 食果植物。主要食用果荚中种子周围白色的假种皮，口感像冰激凌，故又被称为冰激凌豆。

49. 牛蹄豆 *Pithecellobium dulce* (Roxb.) Benth.

别称：金龟树

形态特征：常绿乔木，小枝有由托叶变成的针状刺。羽片 1 对，每一羽片只有小叶 1 对。头状花序小，叶腋或枝顶排列成狭圆锥花序式；花萼漏斗状；花冠白色或淡黄。荚果线形，旋卷，暗红色。种子黑色，包于白色或粉红色的肉质假种皮内。花期 3 月；果期 7 月。

生境与分布：原产于南美洲，在整个热带地区种植观赏用。广东、广西、海南、台湾、云南有栽培。北美洲、东南亚等都有分布。

利用：食果植物。和食用印加树一样，主要食用果荚中种子周围的假种皮。

50. 酸豆 *Tamarindus indica* L.

别称：罗望子、酸角

形态特征：乔木，高 10 ～ 15（25）m。小叶小，长圆形。花黄色或有紫红色条纹；花瓣倒卵形，与萼裂片近等长。荚果圆柱状长圆形，肿胀，棕褐色，直或弯拱，常不规则地缢缩。种子 3 ～ 14 颗，褐色，有光泽。花期 5—8 月；果期 12 月至次年 5 月。

生境与分布：原产于非洲，现各热带地区均有栽培。福建、广东、广西、海南和云南有分布。

利用：食果植物。果肉味酸甜，可生食，或作蜜饯，也可以做成饮料。

十四、蔷薇科 Rosaceae

51. 枇杷 *Eriobotrya japonica* (Thunb.) Lindl.

别称：卢桔

形态特征：常绿小乔木，高可达 10 m。叶片革质，披针形、倒披针形、倒卵形或椭圆长圆形；腹面光亮，背面密生灰棕色茸毛。圆锥花序顶生，具多花；总花梗和花梗密生锈色茸毛；花瓣白色，长圆形或卵形。果实球形或长圆形，黄色或橘黄色，外有锈色柔毛。种子 1 ～ 5 枚，球形或扁球形。花期 10—12 月；果期 5—6 月。

生境与分布：原产于中国。我国广泛栽培；海南也有栽种。

利用：食果植物。果实酸甜，可生食或蜜饯。

52. 桃 *Prunus persica* (L.) Batsch

别称：桃子、油桃、盘桃

形态特征：乔木，高 3 ～ 8 m。叶片长圆披针形、椭圆披针形或倒卵状披针形，先端渐尖，基部宽楔形；腹面无毛，背面在脉腋间具少数短柔毛或无毛。花单生，先于叶开放；花瓣长圆状椭圆形至宽倒卵形，粉红色，罕为白色。果实卵形、宽椭圆形或扁圆形；果肉白色、黄色、橙黄色或红色。核大，离核或粘核，椭圆形或近圆形；表面具纵、横沟纹和孔穴。花期 3—4 月；果实成熟期因品种而异，通常为 8—9 月。

生境与分布：原产于中国，广泛栽培于世界各地。海南有栽培。

利用：食果植物。

53. 金樱子 *Rosa laevigata* Michx.

别称：山鸡头子、山石榴、刺梨子

形态特征：常绿攀缘灌木，高可达 5 m。小枝粗壮，散生扁弯皮刺。小叶革质，通常 3，稀 5；小叶片椭圆状卵形、倒卵形或披针状卵形；腹面亮绿色，无毛，背面黄绿色。花单生于叶腋；花梗和萼筒密被腺毛，随果实成长变为针刺；花瓣白色。果梨形、倒卵形，稀近球形，紫褐色，外面密被刺毛。花期 4—6 月；果期 7—11 月。

生境与分布：喜生于向阳的山野、田边、溪畔灌木丛中。产于长江以南一带；海南有栽种。越南有分布。

利用：食果植物。果实可生食，也可以泡酒。

54. 粗叶悬钩子 *Rubus alceifolius Poir.*

别称： 海南悬钩子

形态特征： 攀缘灌木，枝密生黄色茸毛；叶柄及花序有小钩刺。单叶，近革质，心状卵形或心状圆形，大小极不等，不整齐 3～7 裂；腹面有粗毛和囊泡状小凸起，或平坦，背面密生灰色或浅黄色绵毛和长柔毛；叶脉锈色。花白色，成顶生和腋生圆锥花序或总状花序，有时成腋生头状花束。聚合果红色，近球形。花期 7—9 月；果期 10—11 月。

生境与分布： 生于山谷、村边和低海拔灌木林中。福建、广东、广西、贵州、海南、湖南、江苏、江西、台湾、云南和浙江有分布。日本、印度尼西亚、中南半岛也有分布。

利用： 食果植物。果实多汁，可以食用。

55. 白花悬钩子 *Rubus leucanthus* Hance

别称： 南蛇勒、白钩勒藤

形态特征： 攀缘灌木，高 1 ～ 3 m。小叶 3 枚，有时为单叶，生于枝上部或花序基部，革质，卵形或椭圆形，顶生小叶比侧生者稍长大或几相等。花 3 ～ 8 朵，形成伞房状花序，生于侧枝顶端，稀单花腋生；花瓣长卵形或近圆形，白色。果实近球形，红色。花期 4—5 月；果期 6—7 月。

生境与分布： 生于疏林中或旷野常见。福建、广东、广西、贵州、海南有分布。

利用： 食果植物。果可供食用。

56. 锈毛莓 *Rubus reflexus* Ker Gawl.

别称：大叶蛇勒

形态特征：攀缘灌木，高可达 2 m。单叶，心状长卵形；叶腹面无毛或沿叶脉疏生柔毛，背面密被锈色茸毛。花白色，成顶生和腋生圆锥花序或总状花序，有时成腋生头状花束。聚合果红色，近球形。花期 7—9 月；果期 10—11 月。

生境与分布：生于山谷灌丛或疏林中。产于广东、广西、海南。

利用：食果植物。果可以食用。

十五、胡颓子科 Elaeagnaceae

57. 角花胡颓子 *Elaeagnus gonyanthes* Benth.

形态特征：常绿攀缘灌木，长达 4 m 以上；无刺。叶革质，椭圆形或矩圆状椭圆形；叶片腹面幼时被锈色鳞片，成熟后脱落，具光泽。花白色，被银白色和散生褐色鳞片；花后发育成叶片。果实阔椭圆形或倒卵状阔椭圆形，幼时被黄褐色鳞片，成熟时黄红色。花期 10—11 月；果期次年 2—3 月。

生境与分布：生于旷野灌丛、山地疏林中。原产于柬埔寨、老挝、越南、中国。广东、广西、海南、湖南和云南有分布。

利用：食果植物，成熟后可以直接食用。

58. 胡颓子 *Elaeagnus pungens* Thunb.

别称：羊奶子、牛奶子

形态特征：常绿直立灌木，高 3 ～ 4 m；具刺，刺顶生或腋生。叶革质，椭圆形或阔椭圆形，稀矩圆形，叶片腹面幼时具银白色和少数褐色鳞片，成熟后脱落，具光泽。花白色或淡白色，下垂，密被鳞片。果实椭圆形，幼时被褐色鳞片，成熟时红色。花期 9—12 月；果期次年 4—6 月。

生境与分布：生于向阳山坡或路旁。原产于日本。安徽、福建、广东、广西、贵州、湖北、湖南、江苏、江西和浙江有分布；海南有栽培。

利用：食果植物。成熟后可以直接食用。

十六、鼠李科 Rhamnaceae

59. 枳椇 *Hovenia acerba* Lindl.

别称：枸、鸡爪子、拐枣

形态特征：高大乔木，高 10 ～ 25 m。叶互生，厚纸质至纸质，宽卵形、椭圆状卵形或心形；腹面无毛，背面沿脉或脉腋常被短柔毛或无毛。二歧式聚伞圆锥花序，顶生和腋生；两性花；花瓣椭圆状匙形。浆果状核果近球形，无毛，成熟时黄褐色或棕褐色；果序轴明显膨大。种子暗褐色或黑紫色。花期 5—7 月；果期 8—10 月。

生境与分布：生于村边疏林、旷地或栽培于庭院。产于长江流域及其以南各省区。海南有栽培。不丹、缅甸、尼泊尔和印度有分布。

利用：果序轴肥厚，含丰富的糖，可生食、酿酒、熬糖。

60. 雀梅藤 *Sageretia thea* (Osbeck) M. C. Johnst.

别称: 酸色子、酸铜子、酸味

形态特征: 藤状或直立灌木; 小枝具刺, 互生或近对生。叶纸质, 近对生或互生, 通常椭圆形, 矩圆形或卵状椭圆形, 稀卵形或近圆形; 腹面绿色, 背面浅绿色。花芳香, 通常 2 或数个簇生排成顶生或腋生疏散穗状或圆锥状穗状花序; 花瓣匙形, 顶端 2 浅裂, 常内卷。核果近圆球形, 成熟时黑色或紫黑色, 具 1～3 分核, 味酸。种子扁平, 二端微凹。花期 7—11 月; 果期次年 3—5 月。

生境与分布: 生于丘陵、山地林下或灌丛中。产于安徽、福建、甘肃、广东、海南等。朝鲜、日本、泰国、印度、越南有分布。

利用: 食果植物。果味酸可食。

61. 滇刺枣 *Ziziphus mauritiana* Lam.

别称：台湾青枣、毛叶枣、酸枣

形态特征：常绿乔木或灌木，高达 15 m；枝有 2 个托叶刺。叶纸质至厚纸质，卵形、矩圆状椭圆形，稀近圆形；腹面深绿色，无毛，有光泽，背面被黄色或灰白色茸毛，基生 3 出脉。两性花，绿黄色，数个或 10 余个密集成近无总花梗或具短总花梗的腋生二歧聚伞花序；花瓣矩圆状匙形。核果矩圆形或球形，橙色或红色，成熟时变黑色。具 1 或 2 种子；种子红棕色，宽而扁。花期 8—11 月；果期 9—12 月。

生境与分布：生于山坡、丘陵、河边湿润林中或灌丛中。原产于广东、广西、四川和云南；在福建、海南和台湾有栽培。阿富汗、不丹、马来西亚、缅甸、尼泊尔、斯里兰卡、泰国、印度、印度尼西亚、越南、澳大利亚、非洲有分布。

利用：食果植物。果实成熟后可以直接食用。

十七、桑科 Moraceae

62. 面包树 *Artocarpus altilis* (Parkinson) Fosberg

别称： 面包果

形态特征： 常绿乔木，通常高 10 ～ 15 m。叶片大，互生，厚革质；卵形至卵状椭圆形；叶片腹面深绿色，叶背面淡绿色；成熟叶片羽状浅裂或羽状深裂。花雌雄同株；雄花序长圆筒形至长椭圆形，或棍棒状；雌花花被管状。聚花果倒卵圆形或近球形，绿色至黄色，表面具圆形瘤状凸起，成熟褐色至黑色，柔软，内面为乳白色肉质花被组成；核果椭圆形至圆锥形。花期春末夏初 4—5 月；果期 8—11 月。

生境与分布： 原产于南太平洋的波利尼西亚和西印度群岛。广东、海南和台湾有栽种。

利用： 食果植物。成熟的果实不仅可以做水果食用，还可以将果实切片炸或煮，当主食食用，口感类似马铃薯或者红薯。

63. 尖蜜拉 *Artocarpus champeden* (Lour.) Stokes

别称：榴槤蜜、小菠萝蜜

形态特征：常绿乔木，高 5～20 m。叶片倒卵形到椭圆形，具有整个边缘和尖的顶点。花序单生，腋生在短枝叶的分枝上；雄花序圆柱状总状花序，花微黄色；雌花序具简单丝状花柱。果实圆柱形到近球形。种子 15～50 粒，卵形稍扁平，呈浅棕色；周围有奶白色、黄色或橙色的果肉。花期 3—5 月；果期 7—9 月。

生境与分布：生长于海拔 500 m 左右的森林中。原产于马来西亚半岛、婆罗洲、泰国、文莱、新几内亚、新加坡、印度尼西亚。福建、广东、广西、海南和云南有栽培。

利用：食果植物。围绕种子的果肉，可生吃或煮熟食用，味道类似榴槤和菠萝蜜的混合；种子富含淀粉，煮熟可以食用。

64. 波罗蜜 *Artocarpus heterophyllus* Lam.

别称：菠萝蜜、木波罗

形态特征：常绿乔木，高 10～20 m。叶革质，螺旋状排列，椭圆形或倒卵形，成熟之叶全缘，或在幼树和萌发枝上的叶常分裂；叶片腹面墨绿色，叶背面浅绿色。花雌雄同株，花序生老茎或短枝上，雄花序有时着生于枝端叶腋或短枝叶腋，圆柱形或棒状椭圆形；雌花花被管状。聚花果椭圆形至球形；表面有坚硬六角形瘤状凸体和粗毛。核果长椭圆形，果肉有浅黄色、红色或橙色。花期 2—3 月或 7—8 月；果期 11—12 月。

生境与分布：原产于印度，在整个热带栽培。广东、广西、海南和云南有栽培。

利用：食果植物。围绕种子的果肉，可生吃或煮熟食用；种子富含淀粉，煮熟可食用。

65. 香蜜 17 号 *Artocarpus heterophyllus* 'Xiangmi17'

形态特征：香蜜 17 号为中国热带农业科学院香料饮料研究所自主选育品种（良种编号：琼 R-SC-AH-009-2020），嫩枝被短毛，叶片椭圆形，单果重 5 ~ 15 kg，平均 12.5 kg。果实椭圆形，果形指数 1.5；果皮黄绿色，皮刺尖，白色果胶含量少；果苞橙红色，质地脆，甜，属于干苞类型，香味浓郁，有近似于榴莲的香味。

生境与分布：海南省万宁市兴隆热带植物园。

利用：食果植物。

66. 香波罗 *Artocarpus odoratissimus* Blanco

形态特征：常绿乔木，高 25 m。叶宽椭圆形到倒卵形；边缘全缘或具浅圆齿，上半部分通常 3 裂；叶片两面粗糙有毛。花序单生在叶腋；雄花序椭球状到棒状；雌花序具有短柔毛盾状苞片。果实近球形，绿黄色，密被硬的、有毛的突起；果肉白色，多汁具芳香。种子椭球形。花期 4—6 月；果期 7—9 月。

生境与分布：原产于婆罗洲、菲律宾。国内海南兴隆热带植物园有栽种。马来西亚、文莱和印度尼西亚也有分布。

利用：食果植物。香波罗蜜果肉白色，颜色与其他波罗蜜属植物的不同，一般的都是黄色、浅黄色、黄橙色或红色居多。果肉香甜多汁，口感比波罗蜜还要细腻，可以新鲜食用；种子富含淀粉，可以烤着吃，也可以煮着吃。

67. 桂木 *Artocarpus parvus* Gagnep.

别称：大叶胭脂、红桂木、胭脂木

形态特征：乔木，高可达 17 m。树干通直。叶革质，长圆状椭圆形或倒卵状椭圆形，全缘或疏生不规则浅齿，两面无毛。雄花序倒卵形或长圆形；雌花序近头状。聚花果近球形，表面粗糙被毛，成熟后红色，肉质，干时褐色。小核果 10～15 颗。花期 3—5 月；果期 5—9 月。

生境与分布：生于湿润的杂木林中。广东、广西、海南等地有分布。柬埔寨、泰国、越南北部有栽培。

利用：食果植物。果实成熟后偏酸。

68. 二色波罗蜜 *Artocarpus styracifolius* Pierre

别称：小叶胭脂树、小叶胭脂、二色菠萝蜜

形态特征：乔木，高达 20 m。叶互生排为 2 列，长圆形或倒卵状披针形，有时椭圆形，先端渐尖为尾状，全缘；腹面深绿色，疏生短毛，背面被苍白色粉末状毛。花雌雄同株；花序单生叶腋，雄花序椭圆形，密被灰白色短柔毛。聚花果球形，黄色。核果球形。花期秋初，果期秋末冬初。

生境与分布：生于中海拔山地林中。产于广东、广西、海南、湖南西南部和云南东南部。老挝、越南有分布。

利用：食果植物。果实可生食；也可做成果酱。

69. 大果榕 *Ficus auriculata* Lour.

别称：馒头果、波罗果

形态特征：乔木，高 4 ～ 10 m。叶互生，厚纸质，广卵状心形。雌雄异株；雄花、瘿花和雌花的萼裂片都是 3 枚。榕果簇生于树干基部或老茎短枝上，大而梨形或扁球形至陀螺形；瘦果有黏液。花期 8 月至次年 3 月；果期 5—8 月。

生境与分布：喜生于低山沟谷潮湿雨林中。产于广东南部、广西、贵州西南部、海南、四川西南部和云南。巴基斯坦、印度、越南也有分布。

利用：果实成熟后甜度高，可以食用，味道和凤梨相似。

70. 无花果 *Ficus carica* L.

别称： 阿驵、红心果

形态特征： 落叶灌木，高 3 ～ 10 m。叶互生，厚纸质，广卵圆形；叶片通常 3 ～ 5 裂，叶背面密生细小钟乳体及灰色短柔毛。雌雄异株；雄花和瘿花同生于一榕果内壁。榕果单生叶腋，梨形，顶部下陷；成熟时紫红色或黄色；瘦果透镜状。花果期 5—7 月。

生境与分布： 原产于地中海沿岸。国内各地有栽培。

利用： 食果植物。无花果味清甜可口，可直接食用或做成蜜饯。

71. 薜荔 *Ficus pumila* L.

别称：鬼馒头、凉粉果、木莲

形态特征：攀缘或匍匐灌木。叶两型，不结果枝节上生不定根，叶卵状心形，薄革质，基部稍不对称，尖端渐尖；结果枝上无不定根，革质，卵状椭圆形，腹面无毛，背面被黄褐色柔毛。榕果单生叶腋，瘿花果梨形，雌花果近球形；榕果幼时被黄色短柔毛，成熟黄绿色或微红；雄花，生榕果内壁口部；瘿花具柄，花被片 3 ～ 4，线形；雌花生另一植株榕一果内壁，花柄长，花被片 4 ～ 5。瘦果近球形，有黏液。花果期5—8月。

生境与分布：喜攀爬缠绕槟榔或高大乔木上。产于安徽、福建、广东、广西、贵州、海南、河南、湖北、湖南、江苏、江西、陕西南部、四川、台湾、云南和浙江。日本、越南也有分布。

利用：食果植物。瘦果水洗可作凉粉。

72. 桑 *Morus alba* L.

别称：桑树、蚕桑

形态特征：乔木或灌木状，高可达 15 m。叶卵形或宽卵形，先端尖或渐短尖，基部圆或微心形，上面无毛，下面脉腋具簇生毛。花雌雄异株；雄花序下垂，密被白色柔毛；雌花序被毛，花被倒卵形。聚花果卵状椭圆形，长 1 ～ 2.5 cm，红色至暗紫色。花期 4—5 月；果期 5—8 月。

生境与分布：原产于中国，我国广泛栽培。

利用：食果植物。

73. 长果桑 *Morus macroura* 'Long Fruit'

形态特征：小乔木，高可达 12 m。叶片膜质，卵形或宽卵形；叶背面浅绿色，幼时脉上疏被细毛。花雌雄异株；雄花序穗状，单生或成对腋生；雌花序狭圆筒形。聚花果成熟时黄白色，长 5 ～ 8 cm。小核果，卵球形，微扁。花期 3—4 月；果期 4—5 月。

生境与分布：长果桑是桑属奶桑的栽培种，海南有栽培。

利用：食果植物。

74. 鹊肾树 *Streblus asper* Lour.

别称：鸡子

形态特征：乔木或灌木，高 3 ～ 5 m。叶革质，椭圆状倒卵形或椭圆形；全缘或具不规则钝锯齿，两面粗糙。花雌雄异株或同株；雄花序头状，单生或成对腋生；雌花花被片 4，交互对生。核果近球形，成熟时黄色，不开裂，基部一侧不为肉质，宿存花被片包围核果。花期 2—4 月；果期 5—6 月。

生境与分布：常生于海拔 200 ～ 950 m 林内或村寨附近。产于广东、广西、海南、云南南部。不丹、菲律宾、马来西亚、尼泊尔、斯里兰卡、泰国、印度和越南也有分布。

利用：食果植物。

十八、荨麻科 Urticaceae

75. 号角树 *Cecropia peltata* L.

别称：蚁栖树、聚蚁树

形态特征： 乔木，高可达 15 ～ 25 m。树干和茎中空。叶互生，掌状复叶，由 7 ～ 11 个小叶组成；腹面粗糙，背面淡白色，并有茸毛。雌雄异株；雄花纤细，有柄，多达 15 个的花簇排列；雌花肉质偏厚，无柄，组成的花簇只有 2 到 5 个。一年四季都有花和果。

生境与分布： 生于潮湿的环境，主要在次生林中或灌木丛中。原产于美洲。广东和海南有引种栽培。

利用： 食果植物。果实口感软糯，类似果冻。

十九、杨梅科 Myricaceae

76. 杨梅 *Myrica rubra* (Lour.) Siebold & Zucc.

形态特征：常绿乔木，高可达 15 m 以上。叶革质，无毛；生于萌发条上的叶片长椭圆状或楔状披针形；生于孕性枝上的楔状倒卵形或长椭圆状倒卵形。花雌雄异株；雄花序单独或数条丛生于叶腋，圆柱状，通常不分枝呈单穗状；雌花序常单生于叶腋，较雄花序短而细瘦；每一雌花序仅上端 1（稀 2）雌花能发育成果实。核果球状，外表面具乳头状凸起；外果皮肉质，多汁液，味酸甜，成熟时深红色或紫红色。核常为阔椭圆形或圆卵形，略成压扁状。花期 4 月；果期 6—7 月。

生境与分布：生于山坡或山谷的森林中。我国长江以南各省区及海南有栽培。朝鲜、日本也有分布。

利用：食果植物。

二十、葫芦科 Cucurbitaceae

77. 番马㼎 *Melothria pendula* L.

别称：美洲马㿲儿、垂瓜果

形态特征：多年生草本植物，茎纤细。单叶互生，掌状 3～5 浅裂；叶片腹面深绿色，背面苍白；有卷须，长在叶片两旁。花腋生；花冠黄色，且 5 裂。果实成熟时黑色，近球形到椭圆形。种子苍白，卵形。

生境与分布：常缠绕于荒地灌木上或生于密林边缘。原产于美洲（从美国南部到阿根廷），引入东南亚。福建、广东、海南和台湾有分布。

利用：食果植物。果实有黄瓜的味道，成熟后软甜，可以直接食用。

78. 金铃子 *Momordica charantia* 'abbreviata'

别称： 短角苦瓜、癞葡萄、山苦瓜

形态特征： 一年或多年生宿根草质藤本植物。叶片掌状深裂，裂片卵状长圆形；边缘具粗齿或有不规则小齿；腹面绿色，背面淡绿色。雌雄同株；雌雄花的柄都特别细长。果实纺锤形、短圆锥形、长圆锥形及圆筒形等；表面长满瘤状物。种子盾形、淡黄色，外有鲜红色肉质假种皮包裹。花果期常年。

生境与分布： 原产于中国江南一带；广泛栽培于世界热带到温带地区。海南有引种栽培。

利用： 食果植物。包裹着种子的鲜红色假种皮味甜，是可以食用的。

79. 木鳖子 *Momordica cochinchinensis* (Lour.) Spreng.

别称： 糯饭果、番木鳖

形态特征： 粗壮大藤本，长达 15 m；具块状根，全株近无毛或稍被短柔毛。叶片卵状心形或宽卵状圆形，中间的裂片最大，倒卵形或长圆状披针形；卷须颇粗壮，光滑无毛。雌雄异株；雄花单生于叶腋或有时 3 ～ 4 朵着生在极短的总状花序轴上；花冠黄色，裂片卵状长圆形；雌花单生于叶腋。果实卵球形，成熟时红色，肉质，密生长 3 ～ 4 mm 的具刺尖的突起。种子卵形或方形，边缘有齿，两面稍拱起，具雕纹。花期 6—8 月；果期 8—10 月。

生境与分布： 常生于山沟、林缘及路旁。安徽、福建、广东、广西、贵州、海南、湖南、江苏、江西、四川、台湾、西藏、云南和浙江有分布。马来西亚、孟加拉国、缅甸、印度也有分布。

利用： 食果植物。主要食用果实内红色的假种皮，种子微毒不可食用。

80. 马㼎儿 *Zehneria japonica* (Thunberg) H. Y. Liu

别称： 老鼠拉冬瓜

形态特征： 攀缘或平卧草本；茎、枝纤细。叶片膜质，三角状卵形、卵状心形或戟形；叶片不分裂或 3～5 浅裂，若分裂时中间的裂片较长，三角形或披针状长圆形；腹面深绿色，背面淡绿色。雌雄同株；雄花冠淡黄色或白色；雌花冠淡黄色，与雄花同一叶腋内单生或稀双生。果梗纤细，果实长圆形或狭卵形，两端钝，外面无毛，成熟后白色。种子灰白色，卵形。花期 4—7 月；果期 7—10 月。

生境与分布： 常生于林中阴湿处以及路旁、田边及灌丛中。安徽、福建、广东、广西、贵州、海南、湖北、湖南、江苏、江西、四川、台湾、云南和浙江有分布。菲律宾、韩国、尼泊尔、日本、印度、印度尼西亚和越南也有分布。

利用： 食果植物。果实同番马㼎 *M. pendula*，有黄瓜的清香，可直接食用。

二十一、卫矛科 Celastraceae

81. 阔叶五层龙 *Salacia amplifolia* Merr. ex Chun & F. C. How

别称：阔叶沙拉木

形态特征：攀缘或直立灌木，高达 4 m。小枝绿黄色，无毛。叶厚纸质，窄或阔椭圆形；腹面平坦，背面突起。花腋生或腋上生，多朵排列于瘤状的突起体上，绿白色或淡黄色；花瓣近圆形。果球形，成熟时黄色或红色。种子 8 ～ 11 颗；干时变黑色。花期 4—5 月；果期 8—10 月。

生境与分布：生于海拔 100 ～ 250 m 的林中。产于海南三亚；兴隆热带植物园有引种栽种。

利用：食果植物。果肉可以食用。

二十二、酢浆草科 Oxalidaceae

82. 三敛 *Averrhoa bilimbi* L.

别称： 酸杨桃、木胡瓜

形态特征： 小乔木，高 5 ～ 6 m。叶聚生于枝顶，小叶 10 ～ 20 对；小叶片长圆形，两面多少被毛。圆锥花序生于分枝或树干上；花瓣红紫色，长圆状匙形。浆果黄绿色，长圆形或圆柱状到呈不明显的 5 角。花期 4—12 月；果期 7—12 月。

生境与分布： 原产于东南亚。广东、广西、海南（儋州、海口、乐东、万宁）和台湾广泛栽培。

利用： 食果植物。可直接食用，但是由于太酸了，一般将其用于烹饪，如沙拉或煮鱼汤和咖喱，它的酸可以使菜肴尝起来具有清爽的味道。

83. 阳桃 *Averrhoa carambola* L.

别称：五棱果、五敛子、杨桃

形态特征：乔木，高可达12 m。奇数羽状复叶，互生；小叶5～13片，腹面深绿色，背面淡绿色。花数朵至多朵组成聚伞花序或圆锥花序，自叶腋出或着生于枝干上，花枝和花蕾深红色；花瓣背面淡紫红色，边缘色较淡，有时为粉红色或白色。浆果肉质，下垂，有5棱，很少6或3棱；横切面呈星芒状，淡绿色或蜡黄色，有时带暗红色。种子黑褐色。花期4—12月；果期7—12月。

生境与分布：生于路旁、疏林或庭园中。原产于马来西亚，现广植于热带各地。福建、广东、广西、贵州、海南、四川、台湾和云南有分布。

利用：食果植物。阳桃味道酸甜清爽，成熟后摘下可直接食用。

二十三、合椿梅科 Cunoniaceae

84. 戴维森李子 *Davidsonia pruriens* F. Muell.

别称：红椿李、维逊李子、埃及梅

形态特征：乔木，高可达 10 m。奇数羽状复叶，互生；腹面深绿色，背面浅绿色；边缘有锯齿；新叶通常是明亮的粉红色。花红棕色，簇生在茎干上。果实表皮呈深蓝紫色，果肉红粉色。种子两枚，扁平。

生境与分布：喜生于潮湿的热带雨林中。产于澳大利亚。广东、海南（兴隆）和台湾有栽种。

利用：食果植物。戴维森李子多汁，充满浓郁的酸涩味，可以生吃，但是更多的用来制作果冻和蜜饯。

二十四、杜英科 Elaeocarpaceae

85. 锡兰榄 *Elaeocarpus serratus* L.

别称：锡兰橄榄

形态特征：常绿乔木，高可达 18 m。单叶互生，叶长椭圆形。总状花序生于叶腋，花瓣 5 片，白色，丝状系裂。核果黄绿色，肉质，长圆形。种子骨质，长圆形，具瘤点突起。花期 7—8 月；果期 9—12 月。

生境与分布：生于低地和山地雨林中。原产于印度、斯里兰卡。广东、广西和海南（保亭、儋州、海口、万宁）有栽培。

利用：食果植物。在斯里兰卡，腌锡兰榄是最受欢迎的街头食物。

二十五、藤黄科 Clusiaceae

86. 云树 *Garcinia cowa* Roxb.

别称：云南山竹子、给哈蒿

形态特征：常绿乔木，高 8 ～ 12 m。叶片纸质，披针形或长圆状披针形。花单性，异株；雄花顶生或腋生，伞形排列，花瓣黄色；雌花通常单生叶腋，比雄花大。果成熟时卵球形，暗黄褐色；果实表面具沟槽 4 ～ 8 条；果顶端通常突尖，偏斜。种子 2 ～ 4，狭长，纺锤形。花期 3—5 月；果期 7—10 月。

生境与分布：生于沟谷、低丘潮湿的杂木林中。产于云南南部（西双版纳州和思茅部分地区）、西南部（临沧）、西部（德宏州）以及东南部（红河州）。广东和海南有栽培。安达曼群岛、孟加拉国东部（吉大港）经中南半岛至马来群岛和印度也有分布。

利用：食果植物。果成熟后味酸甜，可食用。

87. 小柠檬山竹 *Garcinia intermedia* (Pittier) Hammel

别称：樱桃山竹

形态特征：直立常绿乔木，高 10 ～ 30 m。叶革质，对生，椭圆形至长圆形；腹面深绿色，背面淡绿色或褐色；幼叶略带红色。花绿白色或象牙色，密集地簇生在叶子下面，花瓣 4 枚。果实椭圆形或圆形，表面光滑，呈橙色或黄色；皮软薄易剥开；果肉白色半透明。种子 1 ～ 2 粒。常年开花结果。

生境与分布：喜生于潮湿的热带气候。原产于墨西哥南部和中美洲。海南兴隆有栽培。

利用：食果植物。小柠檬山竹种植两年后就会结果。它的果肉白色半透明，酸甜可口，成熟后直接食用；也可以用来制作果汁、果酱和果冻。

88. 莽吉柿 *Garcinia mangostana* L.

别称：山竹、山竺

形态特征：小乔木，高 12 ～ 20 m。叶片厚革质，具光泽，椭圆形或椭圆状矩圆形。雄花 2 ～ 9 簇生枝条顶端；雌花单生或成对，着生于枝条顶端，比雄花稍大。果成熟时紫红色，间有黄褐色斑块，光滑。有种子 4 ～ 5，假种皮瓢状多汁，白色。花期 9—10 月；果期 11—12 月。

生境与分布：原产于印度尼西亚，在非洲和亚洲的热带地区广泛栽培。福建、广东、海南、台湾和云南有栽培。

利用：食果植物。山竹是非常著名的热带水果，素有"果中皇后"之称；味道酸甜可口，成熟后可直接食用。

89. 木竹子 *Garcinia multiflora* Champ. ex Benth.

别称： 多花山竹子

形态特征： 乔木，高 10 ～ 15 m。叶片革质，卵形，长圆状卵形或长圆状倒卵形。雌雄同株；雄花有时单生，有时在一聚伞圆锥花序内；花瓣橙色，倒卵形；雌花 1 ～ 5 朵。果卵圆形至倒卵圆形，成熟时黄色，盾状柱头宿存。种子 1 ～ 2，椭圆形。花期 6—8 月；果期 11—12 月；同时偶有花果并存。

生境与分布： 生于山坡疏林或密林中。产于福建、广东、广西、贵州、海南、湖南、江西、台湾和云南。越南北部也有分布。

利用： 食果植物。

90. 岭南山竹子 *Garcinia oblongifolia* Champ. ex Benth.

别称：竹桔、倒卵山竹子、黄牙果

形态特征：乔木或灌木，高 5 ～ 15 m。叶片近革质，长圆形，倒卵状长圆形至倒披针形。花小，单性，异株；单生或呈伞形状聚伞花序；雄花瓣橙黄色或淡黄色，倒卵状长圆形；雌花的花瓣与雄花相似。果实卵球形或圆球形，成熟后变成黄色；果肉浅黄色。种子 4 ～ 5 枚。花期 4—5 月；果期 10—12 月。

生境与分布：生于山谷中的密林或疏林。产于广东、广西、海南。越南也有分布。

利用：食果植物。味道和山竹类似，但是比山竹略酸，果实吃多了牙齿会变黄，故称为黄牙果。

91. 菲岛福木 *Garcinia subelliptica* Merr.

别称：福木、福树

形态特征：乔木，高达 2 m。叶片厚革质，卵形，卵状长圆形或椭圆形，稀圆形或披针形；腹面深绿色，具光泽，背面黄绿色。雄花和雌花通常混合在一起，簇生或单生于腋部；有时雌花成簇生状，雄花成假穗状；雄花瓣倒卵形，黄色。果实宽长圆形，成熟时黄色，表面光滑。种子 1 ～ 3（4）枚。花期 4—6 月；果期 6—9 月。

生境与分布：生于海滨的杂木林中。产于我国台湾南部（高雄和火烧岛）；广东和海南有栽培。菲律宾、日本（琉球群岛）、斯里兰卡、印度尼西亚（爪哇）也有分布。

利用：食果植物。果实有榴梿和杧果的混合味，成熟后可以直接食用。

92. 大叶藤黄 *Garcinia xanthochymus* Hook. f.

别称：歪屁股果、歪脖子果、藤黄果

形态特征：乔木，高 8 ～ 20 m。叶片厚革质，具光泽，椭圆形、长圆形或长方状披针形；枝条顶端的 1 ～ 2 对叶柄通常玫红色。伞房状聚伞花序，花腋生或从落叶叶腋生出；花两性，5 数；萼片和花瓣 3 大 2 小。浆果圆球形或卵球形，成熟时黄色，外面光滑，有时具圆形皮孔。种子 1 ～ 4 枚，外面具多汁的瓢状果肉，长圆形或卵球形。花期 3—5 月；果期 8—11 月。

生境与分布：生于沟谷和丘陵地潮湿的密林中。产于云南、广东；广西和海南有引种栽培。不丹、柬埔寨、老挝、孟加拉国、缅甸、尼泊尔、日本、泰国、印度和越南也有分布。

利用：食果植物。果实富含维生素 C，其味较酸。

二十六、金虎尾科 Malpighiaceae

93. 文雀西亚木 *Bunchosia armeniaca* (Cav.) DC.

别称：花生牛奶果、沙巴果

形态特征：常绿灌木或小乔木，高 2 ～ 5 m，在原产地高可达 10 m。叶片对生，长椭圆形；叶边缘有锯齿。总状花序腋生，着生花 8 ～ 12 朵；花瓣 5 枚，黄色。果实椭圆形，未成熟时浅绿色，成熟后橙色。种子 1 枚，非常大。果期 7—9 月。

生境与分布：产于玻利维亚、巴西、哥伦比亚、厄瓜多尔、秘鲁、委内瑞拉。广东和海南（万宁、儋州、琼海）有栽培。

利用：食果植物。果实在树上还是橙黄色的时候不能直接吃，采摘下来放两天，果实变软，果肉橙红色便可以吃了。果肉口感沙沙的，味道如花生，又有牛奶味，因此得名花生牛奶果或花生奶油果。

94. 光叶金虎尾 *Malpighia glabra* L.

别称： 西印度樱桃

形态特征： 常绿灌木，高可达4.5 m。叶单生，长椭圆状卵形，表面粗糙，两面皆有毛。聚伞花序；花为浅粉红色或深红，花瓣5枚，腋生。核果形似樱桃，未熟果绿色，渐转淡红色，成熟果红色；果皮薄，果肉黄色。种子有3～5个，有三浅沟，微呈三瓣状。花期5—8月；果期7—11月。

生境与分布： 生长在潮湿的森林中。原产于北美洲、南美洲和中美洲。福建、广东、海南、上海、香港和云南有栽培。

利用： 食果植物。成熟的果实柔软多汁，且富含维生素C；味道与樱桃相似，酸酸甜甜，可直接生食，也可做成果汁、果酱。

95. 小叶金虎尾 *Malpighia glabra* 'Fairchild'

别称：小李樱桃、小叶黄褥花

形态特征：常绿小灌木，高约 1 m。叶对生，长椭圆形；腹面光亮。花顶生或腋生，花瓣 5 片，粉红色。果实扁球形，红色。花期从春末到秋季，可长达半年以上。

生境与分布：产于热带美洲西印度群岛加勒比海地区。福建（厦门）、广东、海南（海口、万宁、儋州、琼海）有栽培。

利用：食果植物。果实鲜红亮丽，可食用，味道与樱桃相似。

二十七、西番莲科 Passifloraceae

96. 鸡蛋果 *Passiflora edulis* Sims

别称：百香果

形态特征：草质藤本，长约 6 m。叶纸质，掌状 3 深裂，中间裂片卵形，两侧裂片卵状长圆形。聚伞花序退化仅存 1 花，与卷须对生；花芳香，花瓣 5 枚；外副花冠裂片 4 ～ 5 轮，外 2 轮裂片丝状，约与花瓣近等长。浆果卵球形，无毛，熟时紫色。种子多数，卵形。花期 6 月；果期 11 月。

生境与分布：原产于南美洲。福建、广东、海南、台湾和云南有引种栽培。

利用：食果植物。鸡蛋果成熟后，可以直接食用；但味道偏酸，可以加蜂蜜一起食用。

97. 黄鸡蛋果 *Passiflora edulis* 'Flavicarpa'

别称：黄色百香果

形态特征：草质藤本。茎有卷须，细长。叶互生，深3裂，卵状，叶缘有锯齿。花大，圆形到卵形；5个花瓣和5个花瓣状萼片白色，底部深紫色。果实黄色，椭圆形；黄色到橙色的果肉包围着黑色的种子。

生境与分布：原产于巴西亚马孙地区。海南有栽培。

利用：食果植物。果肉和种子可以鲜食；也可以将种子过滤后制成果汁或糖浆来调味。

98. 龙珠果 *Passiflora foetida* L.

别称： 香花果、西番莲

形态特征： 草质藤本，有臭味。茎具条纹并被平展柔毛。叶膜质，宽卵形至长圆状卵形，先端3浅裂，基部心形。聚伞花序退化仅存1花，与卷须对生；花白色或淡紫色，具白斑；花瓣5枚，与萼片等长。浆果卵圆球形，成熟后黄色。种子多数，椭圆形，草黄色。花期7—8月；果期次年4—5月。

生境与分布： 生于荒地灌丛中。原产于西印度群岛和南美洲北部。广东、广西、海南、台湾和云南有分布。

利用： 食果植物。果味甜可食。

99. 大果西番莲 *Passiflora quadrangularis* L.

别称：大西番莲、日本瓜、大转心莲

形态特征：粗状草质藤本，长 10 ～ 15 m，无毛；幼茎四棱形，常具窄翅。叶膜质；宽卵形至近圆形，先端急尖，基部圆形至浅心形。花序退化仅存 1 花；卷须粗壮，与叶对生；花大，淡红色，具芳香；花瓣 5 枚，淡红色，长圆形或长圆状披针形。浆果卵球形，长 20 ～ 25 cm，肉质，熟时红黄色。种子多数，近圆形。花期 7—9 月；果期 8—10 月。

产地与分布：生于潮湿阴凉的林地中。原产于热带美洲，现广植于热带地区。广东、广西、海南和云南等热带地区有栽培。

利用：食果植物。成熟的果实可鲜食或加工果汁饮料。

二十八、杨柳科 Salicaceae

100. 罗比梅 *Flacourtia inermis* Roxb.

别称： 紫梅

形态特征： 常绿灌木或小乔木，株高可达 5 m。枝干无刺。叶互生，叶片卵状椭圆形，叶缘细锯齿状，先端钝；叶背面密被毛，新叶暗红色。雌雄异株，总状花序，白绿色；腋生，常簇生于老枝干，花冠白绿色。果实扁球形，红色至紫色，熟果红褐色，可食。果期 10—12 月。

生境与分布： 广东、海南和云南有栽植。

利用： 食果植物。

101. 云南刺篱木 *Flacourtia jangomas* (Lour.) Raeusch.

别称：罗旦梅

形态特征：落叶小乔木或大灌木，高 5 ~ 10 m。枝通常无刺，幼枝有单一或分叉的刺。叶通常膜质，卵形至卵状椭圆形稀卵状披针形；腹面有光泽，背面暗绿色。聚伞花序，腋生；花白色至浅绿色。果实肉质，近球形，浅棕色或紫色。种子 4 ~ 6 粒，稀 10 粒。花期 4—5 月；果期 5—10 月。

生境与分布：生于山地雨林、常绿阔叶林中。产于广西西部（龙津）、海南南部（崖县）、云南南部（西双版纳）。马来西亚、老挝、泰国、越南也有分布。

利用：食果植物。

二十九、大戟科 Euphorbiaceae

102. 木奶果 *Baccaurea ramiflora* Lour.

别称：火果

形态特征：常绿乔木，高 5 ～ 15 m。叶片纸质，倒卵状长圆形、倒披针形或长圆形，全缘或浅波状；腹面绿色，背面黄绿色，两面均无毛。雌雄异株；花小，无花瓣；总状圆锥花序腋生或茎生；雄花序长达 15 cm，雄花长圆形；雌花序长达 30 cm，雌花长圆状披针形。浆果状蒴果卵状或近圆球状，颜色由黄色变紫红色，不开裂。内有种子 1 ～ 3 颗；种子扁椭圆形或近圆形。花期 3—4 月；果期 6—10 月。

生境与分布：生于山地林中。产于广东、广西、海南和云南。柬埔寨、老挝、马来西亚、缅甸、泰国、印度和越南有分布。

利用：食果植物。果实味道酸甜，成熟时可食用。

三十、叶下珠科 Phyllanthaceae

103. 西印度醋栗 *Phyllanthus acidus* (L.) Skeels

形态特征：常绿灌木或小乔木，树高 2～5 m。叶互生，卵形或椭圆形，全缘。穗状花序，花红色或粉红色。果实外皮淡黄色，呈扁球形，6～8 个角。每颗果实有 4～6 个种子。花期 10—12 月；果期 1—4 月。

生境与分布：生于潮湿的热带和亚热带沿海林地中。广东、海南、上海和云南有栽培。巴西、泰国有分布。

利用：食果植物。成熟后果实可以直接食用，但是偏酸，通常拿来制成果酱、果汁或蜜饯。

104. 余甘子 *Phyllanthus emblica* L.

别称：油甘、牛甘果、滇橄榄

形态特征：乔木，高达 23 m。叶片纸质至革质，二列，线状长圆形；腹面绿色，背面浅绿色。多朵雄花和 1 朵雌花或全为雄花组成腋生的聚伞花序；雄花黄色，长倒卵形或匙形。蒴果呈核果状，圆球形；外果皮肉质，绿白色或淡黄白色；内果皮硬壳质。种子略带红色。花期 4—6 月；果期 7—9 月。

生境与分布：生于海滨、低山坡地。产于福建、广东、广西、贵州、海南、江西、四川、台湾、云南等省区。菲律宾、马来西亚、斯里兰卡、印度、印度尼西亚；中南半岛等有分布；南美也有栽培。

利用：食果植物。果实可食用。在海南琼中，喜欢用酱油腌制余甘子的果实食用。

三十一、千屈菜科 Lythraceae

105. 石榴 *Punica granatum* L.

别称：若榴木、安石榴、花石榴

形态特征：灌木或乔木，高通常 3 ～ 5 m。叶对生或簇生，长披针形至长圆形，或椭圆状披针形；腹面光亮。花 1 ～ 5 朵生枝顶，通常红色或淡黄色，裂片略外展，卵状三角形；花瓣通常大，红色、黄色或白色。浆果近球形，通常为淡黄褐色或淡黄绿色，有时白色，稀暗紫色。种子多数，钝角形，红色至乳白色，肉质的外种皮供食用。花期 5—7 月；果期 9—10 月。

生境与分布：喜温暖向阳的环境。原产于伊朗及其周边地区。我国广泛栽培；海南有栽培或逸生。

利用：食果植物。果实可食用。

三十二、桃金娘科 Myrtaceae

106. 巴西番樱桃 *Eugenia brasiliensis* Lam.

别称： 巴西樱桃、巴西蒲桃

形态特征： 常绿灌木，高 2 ～ 6 m。叶革质，对生，有光泽；叶片卵形或长椭圆形；腹面深绿色，背面淡绿色，幼芽呈深紫色。花着生在幼叶的叶腋，具有香气；花瓣白色。果实成熟过程由绿变红，最后呈暗紫色至近黑色；带有紫色或红色的萼片。种子 1 ～ 3 个。花期 4—5 月；果期 5—6 月。

生境与分布： 生长在潮湿的沿海沙地。原产于巴西南部。福建、广东、海南和台湾有引种栽种。澳大利亚、菲律宾、新加坡和印度等地均有引种栽培。

利用： 食果植物。成熟后的巴西番樱桃果实多汁，可直接食用。

107. 短萼番樱桃 *Eugenia reinwardtiana* (Blume) DC.

　　形态特征：常绿灌木，高可达 2 ～ 5 m。叶片革质，卵形至卵状披针形。花白色，单生或数朵聚生于叶腋；萼片为 4 片。浆果椭球形，无棱，熟时深红色。花期 10—12 月；果期 11 月至次年 2 月。

　　生境与分布：原产于东澳大利亚。上海、广东、海南有栽培。

　　利用：食果植物。果实成熟后偏酸，可直接食用。

108. 大果番樱桃 *Eugenia stipitata* McVaugh

别称： 具柄番樱桃、思帝果

形态特征： 常绿灌木或小乔木，3 ～ 12 m 高。单叶对生，卵状椭圆形；腹面深绿色，背面淡绿色。腋生花单生或合生在总状花序中；花瓣白色，倒卵形；花萼黄绿色。球形浆果最初是绿色的，成熟后是黄色的；果皮薄，果肉多汁，芳香。种子 5 ～ 15 枚。花期 9 月至次年 2 月；果期 1—3 月。

生境与分布： 生于海拔约 600 m 的潮湿森林中。原产于巴西、秘鲁、玻利维亚和哥伦比亚等。广东、海南和云南（西双版纳）有引种栽培。

利用： 食果植物。大果番樱桃含有非常高的维生素 C，成熟后可以直接食用。但大果番樱桃非常酸，大多数人不喜欢生食，在巴西和秘鲁的当地人将它制作成软饮料、果冻、果酱和冰激凌等。

109. 番樱桃 *Eugenia uniflora* L.

别称：红果仔、巴西红果

形态特征：灌木或小乔木，高可达 5 m；全株无毛。叶片纸质，卵形至卵状披针形；腹面绿色，背面颜色较浅，两面无毛，有无数透明腺点。花白色，稍芳香，单生或数朵聚生于叶腋；萼片 4，长椭圆形。浆果球形，有 8 棱，熟时深红色。种子 1 ～ 2 颗。常年开花结果。

生境与分布：原产于巴西。福建、广东、广西、海南和云南有栽培。马来西亚、缅甸、苏门答腊、泰国等地均有分布。

利用：食果植物。果肉多汁，稍带酸味，可直接食用。

110. 嘉宝果 *Plinia cauliflora* (Mart.) Kausel

别称： 树葡萄、珍宝果

形态特征： 常绿灌木或小乔木，树高 4 ～ 15 m。叶片革质，对生；披针形或椭圆形。花簇生于主干和主枝上，有时也长在新枝上；花小，白色。果实球型，果实从青变红再变紫，最后成紫黑色；果皮外表结实光滑；果肉多汁，胶状，白色。种子 1 ～ 4 颗。

分布与生境： 原产于巴西。福建、广东、广西、海南、湖北、江苏、四川、台湾、云南、浙江有引种栽培。

利用： 食用植物。嘉宝果在完全成熟时，果实一般呈现为半透明状态，可直接食用；口感和葡萄相似，甜度非常高。

111. 奥斯卡树葡萄 *Plinia cauliflora* 'Red Hybrid Jaboticaba'

别称：早生嘉宝果

形态特征：小灌木，高 1.5 ～ 3.5 m。树皮呈薄片状脱落，具斑驳的斑块。叶革质，对生；叶柄具毛。花常簇生于主干及主枝上，新枝上较少；花小，白色。果实未成熟时青色，成熟后紫红色；果肉白色。种子 1 ～ 2 枚。花期 10 月至次年 2 月；果期 11 月至次年 4 月。

生境与产地：原产巴西。海南（万宁、琼海）有栽种。柬埔寨也有栽种。

利用：食果植物。奥斯卡树葡萄种植 3 ～ 4 年就可以结果，而嘉宝果需要 6 ～ 8 年；果实口感和嘉宝果相似。

112. 草莓番石榴 *Psidium cattleyanum* Sabine

别称：樱桃番石榴

形态特征：直立常绿灌木或小乔木，可以生长到 7.5 m；在兴隆热带植物园一般 1 ~ 2 m 高。叶片对生，深绿色，椭圆形至长圆形。花瓣 5 枚；白色。肉质果实成熟后呈紫红色或黄色，顶部宿存花；果肉白色，汁水多。花期 5—6 月；果期 6—9 月。

生境与分布：生于潮湿的热带雨林中。原产于巴西。福建、广东、广西、海南、湖北、台湾和浙江有栽培。

利用：食果植物。果实成熟后松软多汁，甜度非常高，可直接食用。

113. 番石榴 *Psidium guajava* L.

别称：芭乐、喇叭番石榴

形态特征：乔木，高达 13 m；嫩枝有棱，被毛。叶片革质，长圆形至椭圆形；腹面粗糙，背面有毛。花单生或 2～3 朵排成聚伞花序；花瓣白色。浆果球形、卵圆形或梨形；果肉白色、黄色和红色。种子多数。花期 8—9 月；果期10 月。

生境与分布：生于荒地或低丘陵上。原产于南美洲。广东、广西、贵州、海南、四川、台湾和云南有栽培。

利用：食果植物。

114. 桃金娘 *Rhodomyrtus tomentosa* (Aiton) Hassk.

别称： 岗稔、山稔

形态特征： 灌木，高 1～2 m。叶革质，对生；椭圆形或倒卵形；腹面初时有毛，以后变无毛，发亮，叶背面有灰色茸毛。花常单生，粉红色；花瓣 5 枚，倒卵形。浆果卵状壶形；熟时紫黑色。种子每室 2 列。花期 4—5 月；果期 6—8 月。

生境与分布： 生于丘陵地。产于福建、广东、广西、贵州、海南、湖南南部、江西、台湾、云南南部和浙江。菲律宾、柬埔寨、老挝、马来西亚等地区也有分布。

利用： 食果植物。果实成熟后可以直接食用。

115. 白果莲雾 *Syzygium* 'Baiguo'

别称：白壳仔莲雾、新市仔莲雾、翡翠莲雾

形态特征：白果莲雾与洋蒲桃（莲雾）的区别在于果实白色而并非洋红色。

生境与分布：原产于亚洲。广东、海南有栽培。

利用：食果与观赏植物。

116. 黑嘴蒲桃 *Syzygium bullockii* (Hance) Merr. & L. M. Perry

形态特征：灌木至小乔木，高达 5 m。叶片革质，椭圆形至卵状长圆形；叶柄极短，近无柄。圆锥花序顶生，多花；花小，花瓣连成帽状体；花丝分离。果实椭圆形。花期 3—8 月；果期 8—10 月。

生境与分布：喜生于平地次生林。产于广东、广西和海南。老挝、越南有分布。

利用：食果植物。

117. 子凌蒲桃 *Syzygium championii* (Benth.) Merr. & L. M. Perry

别称：子凌树

形态特征：灌木至乔木。嫩枝有 4 棱。叶片革质，狭长圆形至椭圆形。聚伞花序顶生，有时腋生，有花 6～10 朵；花瓣合生成帽状。果实长椭圆形，红色。种子 1～2 颗。花期 8—11 月；果期 12 月至次年 2 月。

生境与分布：生于中海拔的常绿林里。产于广东、广西和海南。越南有分布。

利用：食果植物。

118. 蒲桃 *Syzygium jambos* (L.) Alston

别称：广东葡桃

形态特征：乔木，高 10 m。叶片革质，披针形或长圆形；叶面多透明细小的腺点。聚伞花序顶生，花数朵；花瓣白色，分离，阔卵形。果实球形；果皮肉质，成熟时黄色，有油腺点。种子 1 ～ 2 颗。花期 3—4 月；果期 5—6 月或 11—12 月。

生境与分布：喜生于河边及河谷湿地。产于福建、广东、广西、贵州、海南、台湾、云南。马来西亚、印度尼西亚、中南半岛等地有分布。

利用：食果植物。蒲桃味道与洋蒲桃（莲雾）相似，但是果肉的水分不及莲雾多。

119. 马六甲蒲桃 *Syzygium malaccense* (L.) Merr. & L. M. Perry

别称： 马来蒲桃、马来红梨、大果莲雾

形态特征： 乔木，高 15 m。叶片革质，狭椭圆形至椭圆形。聚伞花序生于无叶的老枝上，花 4 ~ 9 朵簇生；花深粉色或红色，花瓣分离，圆形。果实卵圆形或壶形；果肉浅粉色或白色。种子 1 个。花期 4—5 月；果期 6—7 月。

生境与分布： 原产马来西亚。云南西双版纳一带及台湾栽培或驯化为半野生；海南有栽培。老挝、印度和越南有分布。

利用： 食果植物。在马来西亚，妇女分娩后举行庆祝仪式，将马六甲蒲桃做成水果沙拉给客人食用。

120. 水翁蒲桃 *Syzygium nervosum* DC.

别称：大叶水榕树、水翁

形态特征：乔木，高 15 m。叶片薄革质，长圆形至椭圆形，先端急尖或渐尖，基部阔楔形或略圆，两面多透明腺点。圆锥花序生于无叶的老枝上；2～3 朵簇生。浆果阔卵圆形，成熟时紫黑色。花期 5—6 月；果期 8—9 月。

生境与分布：喜生于水边。产于广东、广西、海南和云南等省区。马来西亚、缅甸、斯里兰卡、泰国、印度、越南、澳大利亚北部有分布。

利用：果实可食用。

121. 洋蒲桃 *Syzygium samarangense*(Blume) Merr. & L. M. Perry

别称：莲雾、水蒲桃

形态特征：乔木，高 12 m。叶片薄革质，椭圆形至长圆形；先端钝或稍尖，基部变狭，圆形或微心形。聚伞花序顶生或腋生，有花数朵；花白色。果实梨形或圆锥形，肉质，洋红色；顶部凹陷，有宿存的肉质萼片。种子 1 颗。花期 3—4 月；果期 5—6 月。

生境与分布：原产于巴布亚新几内亚、马来西亚、泰国和印度尼西亚。福建、广东、广西、海南、台湾和云南有栽培。

利用：食果植物。洋蒲桃果实肉质爽脆，多汁，味甜。

三十三、橄榄科 Burseraceae

122. 乌榄 *Canarium pimela* K. D. Koenig

别称：黑榄、木威子

形态特征：乔木，高达 20 m。小叶 4～6 对，纸质至革质，无毛；宽椭圆形、卵形或圆形，稀长圆形。花序腋生，为疏散的聚伞圆锥花序（稀近总状花序），无毛；雄花序多花，雌花序少花。果序有果 1～4 个，成熟时紫黑色，狭卵圆形，横切面圆形至不明显的三角形；外果皮较薄，干时有细皱纹。种子 1～2 枚。花期 4—5 月；果期 5—11 月。

生境与分布：生长于海拔 1 280 m 以下的杂木林内。产于广东、广西、海南、云南。柬埔寨、老挝、越南有分布。

利用：食果植物。果可生食，果肉腌制"榄角"（或称"榄豉"）做菜。

123. 毛叶榄 *Canarium subulatum* Guillaumin

别称：橄榄

形态特征：乔木，高 20 ～ 35 m。小叶 2 ～ 5 对，纸质至革质，广卵形至披针形。花序腋生，雄花序长 7 ～ 25 cm，雌花序长 8 ～ 10 cm。具 1 ～ 4 个果，疏被柔毛至无毛；卵形或椭圆形；果核横切面圆三角形。种子 2 ～ 3 枚。果期9 月。

生境与分布：生于沟谷疏林中。产于云南；福建、广东、广西、贵州、海南、四川和台湾有栽培。柬埔寨、泰国、越南有分布。

利用：食果植物。成熟的橄榄果可以直接生食，具有清肺利咽、生津止渴的功效。

三十四、漆树科 Anacardiaceae

124. 岭南酸枣 *Allospondias lakonensis* (Pierre) Stapf

别称：假酸枣

形态特征：落叶乔木，高 8～15 m。叶互生，奇数羽状复叶；有小叶 5～11 对，小叶对生或互生，长圆形或长圆状披针形，全缘。圆锥花序腋生；花白色，密集于花枝顶端；花瓣长圆形或卵状长圆形，开花时花瓣下倾，先端和边缘内卷。核果肉质，近球形；熟时红色。种子长圆形。花期 4—7 月；果期 6—9 月。

生境与分布：生于低海拔疏林中。福建、广东、广西、云南有分布；海南有栽培。老挝、泰国、越南也有分布。

利用：食果植物。果可生食，甜美有酒香。

125. 腰果 *Anacardium occidentale* L.

别称：槚如树、鸡脚果

形态特征：灌木或小乔木，高 4 ～ 10 m。叶革质，全缘；倒卵形；两面无毛。圆锥花序宽大，排成伞房状；花红色，无花梗或具短梗；花瓣线状披针形。核果肾形，两侧压扁；果基部为肉质梨形或陀螺形的假果；假果成熟时紫红色。种子肾形。花期 1—3 月；果期 5—7 月。

生境与分布：适生于低海拔的干热地区。原产于南美洲。福建、广东、广西、海南、台湾和云南均有引种栽培。

利用：食果植物。假果可生食或制果汁、果酱或蜜饯；种子可做坚果。

126. 枇杷杧果 *Bouea macrophylla* Griff.

别称：枇杷芒

形态特征：高大乔木，树高可达 27 m。叶革质，卵状长圆形到披针形，或椭圆形到狭椭圆形。圆锥花序；花淡黄绿色或浅黄色，很快变成棕色；花萼裂片宽卵形；花瓣长圆形，或长圆状倒卵形。果实椭圆近球形，成熟时黄色或橙色。种子 1 枚。

生境与分布：喜湿热潮湿气候。原产于马来西亚半岛、苏门答腊北部和爪哇西部；在苏门答腊、泰国和爪哇作为一种果树广泛种植。海南万宁、保亭有栽培。

利用：食果植物。因其大小与形状像枇杷，被称为枇杷芒，果肉味道与杧果类似，是种甜度很高的水果。

127. 南酸枣 *Choerospondias axillaris* (Roxb.) B. L. Burtt & A. W. Hill

别称：五眼果、鼻涕果

形态特征：落叶乔木，高 8 ~ 20 m。奇数羽状复叶；有小叶 3 ~ 6 对，膜质至纸质，卵形或卵状披针形或卵状长圆形；全缘或幼株叶边缘具粗锯齿。雄花序被微柔毛或近无毛；花瓣长圆形，无毛，具褐色脉纹，开花时外卷。核果椭圆形或倒卵状椭圆形，成熟时黄色。种子顶端具 5 个小孔。花期 8 月至次年 1 月；果期 9—12 月。

生境与分布：生于山坡、丘陵或沟谷林中。海南有栽培。柬埔寨，老挝、缅甸、泰国、印度、越南有分布。

利用：食果植物。果实成熟后偏酸，可直接生食，也可拿来制成酸枣糕；种子可以拿来做菩提子，五眼六通菩提就是用南酸枣的种子制作而成的。

128. 人面子 *Dracontomelon duperreanum* Pierre

别称：银莲果、人面树

形态特征：常绿大乔木，高达 20 m。奇数羽状复叶互生，近革质；有小叶 5 ～ 7 对；长圆形，自下而上逐渐增大。圆锥花序顶生或腋生；花瓣白色，被微柔毛，披针形或狭长圆形。核果扁球形，成熟时黄色；果核压扁，上面盾状凹入，5 室，通常 1 ～ 2 室不育。种子 3 ～ 4 颗。花期 4—5 月；果期 6—11 月。

生境与分布：多生于村旁、河边。产于云南；海南有栽培。越南也有分布。

利用：食果植物。果肉可食或盐渍做菜或制其他食品。

129. 杧果 *Mangifera indica* L.

别称：檬果、芒果

形态特征：常绿大乔木，高 10 ～ 20 m。叶薄革质，常集生枝顶；叶形和大小变化较大，通常为长圆形或长圆状披针形；边缘皱波状，无毛。圆锥花序；花瓣黄色或淡黄色，长圆形或长圆状披针形，里面具 3 ～ 5 条棕褐色突起的脉纹，开花时外卷。果实肾形；成熟时黄色；中果皮肉质，肥厚，鲜黄色，味甜。果核 1 枚。花期 12 月至次年 1—2 月；果期 4—6 月。

生境与分布：原产于印度，现在全世界的热带地区都有栽培。福建、广东、广西、海南、台湾、云南有栽培。

利用：食果植物。杧果为热带著名水果，汁多味美。

130. 天桃木 *Mangifera persiciforma* C. Y. Wu & T. L. Ming

别称：扁桃杧、桃叶芒果

形态特征：常绿乔木，高 10 ～ 19 m。叶薄革质，狭披针形或线状披针形；边缘皱波状，无毛。圆锥花序顶生，单生或 2 ～ 3 条簇生；花瓣黄绿色，4 ～ 5 枚，长圆状披针形。果桃形，略压扁；果肉较薄；果核大，斜卵形或菱状卵形，压扁。种子近肾形。花期 4 月；果期 5—6 月。

生境与分布：生于低地森林。产于广西（南部）、贵州（南部）、云南（东南部）；海南有栽培。

利用：食果植物。果可食，但果肉较薄。

131. 南洋橄榄 *Spondias dulcis* Parkinson

别称：加椰芒果、食用槟榔青

形态特征：乔木，偶尔落叶，高可达 25 m。奇数羽状复叶；顶生叶（狭）椭圆形具尖基部；叶先端渐尖或偶尔锐尖；有小叶 5～6 对，小叶有锯齿。圆锥花序顶生，在小枝先端密集；花瓣米色或白色或灰绿色。果实椭圆形、倒卵球形或长圆形，成熟时黄色或橙色；内果皮缺乏纤维基质，但有刺状突起延伸至中果皮。花期 3—6 月；果期 4—9 月。

生境与分布：广泛种植于低地潮湿的森林地区。在热带地区有分布。福建、广东、海南、上海、云南有栽培。

利用：食果植物。未成熟果实有股青杧果的香味，口感清脆；成熟的果实有股凤梨和杧果的混合香味，口感香软。兴隆的越南归侨喜欢将南洋橄榄切片，蘸辣椒盐食用。

132. 槟榔青 *Spondias pinnata* (L. F.) Kurz

别称：外木个、木个

形态特征：落叶乔木，高 10～15 m。叶互生，奇数羽状复叶；有小叶 2～5 对，小叶对生，薄纸质，卵状长圆形或椭圆状长圆形，全缘。圆锥花序顶生；花瓣白色，卵状长圆形；先端急尖，内卷。核果椭圆形或椭圆状卵形，成熟时黄褐色，大；中果皮肉质；内果皮外层为密集纵向排列的纤维质和少量软组织，有 5 个薄壁组织消失后的大空腔，每室具 1 种子。成熟的果通常具 2 或 3 种子。花期 4—6 月；果期 8—9 月。

生境与分布：生于低山或沟谷林中。产于广西（南部）、海南和云南（南部）。亚洲南部至东南部也有分布。

利用：食果植物。

三十五、无患子科 Sapindaceae

133. 西非荔枝果 *Blighia sapida* K. D. Koenig

别称：咸鱼果、阿基果

形态特征：常绿乔木，高可达 7 ~ 15 m。羽状复叶；小叶 6 ~ 10 对，长圆形到倒卵形；腹面绿色，背面浅绿色。聚伞花序；花瓣绿白色，芳香四溢。蒴果开裂，成熟时纵裂为 3 节；假种皮浅黄色，全部或部分包裹种子。种子黑色。

生境与分布：生于常绿和半落叶林中。原产于西非热带地区。广东、海南有少量栽培。加纳、牙买加有分布。

利用：食果植物。假种皮作为可食用部分，未成熟时毒性特别大，误食会引起急性低血糖，会致命，只有完全成熟后才可食用。牙买加的国菜就是拿西非荔枝果的假种皮与咸鱼搭配烹饪，这也是西非荔枝果被称为咸鱼果的原因。

134. 龙眼 *Dimocarpus longan* Lour.

别称：圆眼、桂圆

形态特征：常绿乔木，高通常 10 m。小叶 4 ～ 5 对，很少 3 对或 6 对，薄革质，长圆状椭圆形至长圆状披针形；腹面深绿色，有光泽，背面粉绿色，两面无毛。花序顶生和近枝顶腋生；花瓣乳白色，披针形。果近球形，通常黄褐色或有时灰黄色，外面稍粗糙。种子茶褐色，光亮，全部被肉质的假种皮包裹。花期春夏间，果期夏季。

生境与分布：原产于广东、广西、海南和云南。在亚热带地区广泛栽培。

利用：食果植物。围绕种子的假种皮，即常说的果肉，可生食或晒干泡水喝。

135. 红皮龙眼 *Dimocarpus longan* 'Red Ruby'

别称： 红宝石龙眼

形态特征： 与龙眼相比，红皮龙眼的果实和叶子都是红色的，属于龙眼的一个品种。在我国热带、亚热带地区均有种植；它可以边开花，边结果，花果同树。

生境与分布： 广东、广西、海南有栽培。

利用： 食果植物。

136. 荔枝 *Litchi chinensis* Sonn.

别称：离枝

形态特征：常绿乔木，高通常 10～15 m。小叶 2 或 3 对，较少 4 对；薄革质或革质，披针形或卵状披针形，有时长椭圆状披针形，全缘；腹面深绿色，有光泽，背面粉绿色，两面无毛。花序顶生，多分枝。果卵圆形至近球形，成熟时通常暗红色至鲜红。种子全部被肉质假种皮包裹。花期春季，果期夏季。

生境与分布：喜湿热气候。原产于广东西南部和海南；在我国南方广泛栽培，特别是福建南部和广东。菲律宾、老挝、马来西亚、缅甸、泰国、新几内亚、越南有分布；在亚热带的地区广泛栽培。

利用：食果植物。

137. 红毛丹 *Nephelium lappaceum* L.

形态特征：常绿乔木，高大约 10 m。小叶 2 或 3 对，很少 1 或 4 对；薄革质、椭圆形或倒卵形，全缘，两面无毛。花序常多分枝，与叶近等长或更长，被锈色短茸毛；无花瓣。果阔椭圆形，红黄色；连刺长约 5 cm；刺长约 1 cm。种子 1 枚，与果肉粘连。花期夏初，果期秋初。

生境与分布：喜湿热气候。原产于菲律宾、马来西亚、泰国和印度尼西亚。海南和台湾有栽培。

利用：食果植物。

138. 海南韶子 *Nephelium topengii* (Merr.) H. S. Lo

别称：酸古蚁

形态特征：常绿乔木，高5～20 m。小叶2～4对，薄革质，长圆形或长圆状披针形，全缘；腹面粉绿色，被柔毛。花序多分枝，雄花序与叶近等长，雌花序较短。果椭圆形，红黄色，连刺长约3 cm。

生境与分布：生于低海拔至中海拔山地雨林中。海南特有种，是海南低海拔至中海拔地区森林中常见树种之一；海南霸王岭、吊罗山、尖峰岭、鹦哥岭有分布。

利用：食果植物。

三十六、芸香科 Rutaceae

139. 山油柑 *Acronychia pedunculata* (L.) Miq.

别称：砂糖木、降真香

形态特征：乔木，高可达 15 m。单小叶，椭圆形、倒卵形或倒卵状椭圆形。两性花，黄白色；花瓣窄长椭圆形。果序下垂，果淡黄色，半透明。种子倒卵形。花期 4—8 月；果期 8—12 月。

生境与分布：生于山地密茂常绿阔叶林中。产于福建、广东、广西、海南、台湾和云南。菲律宾，越南也有分布。

利用：食果植物。果肉富含水分，味甜。

140. 酒饼簕 *Atalantia buxifolia* (Poir.) Oliv.

别称：狗橘、东风橘、山柑仔

形态特征：灌木，高约2.5 m。枝刺多，劲直。叶硬革质，有柑橘叶香气；卵形，倒卵形，椭圆形或近圆形，顶端圆或钝，微或明显凹入；腹面暗绿，背面浅绿色，叶缘有弧形边脉，油点多。花多朵簇生，稀单朵腋生；花瓣白色，有油点。果圆球形，略扁圆形或近椭圆形；果皮平滑，有稍凸起油点，熟透时蓝黑色。有种子1或2粒。花期5—12月；果期9—12月。

生境与分布：常生于离海岸不远的平地、缓坡及低丘陵的灌木丛中。产于福建、广东、广西、海南和台湾。菲律宾、马来西亚、越南也有分布。

利用：食果植物。

141. 香肉果 *Casimiroa edulis* La Llave

别称： 白柿

形态特征： 高大乔木。指状 3 ～ 5 小叶，有时 2 小叶；小叶卵形，倒卵形或椭圆形；叶缘有细钝齿。圆锥花序；雌雄同体或偶有单性；花瓣 5 片；黄绿色。果近圆球形，淡黄色；果肉黄色，有香气。种子椭圆形和楔形，1 ～ 6 颗。花期 6—8 月；果期从 5 月下旬到 8 月成熟。

生境与分布： 生于亚热带落叶林和低地森林中。产于哥斯达黎加、洪都拉斯、墨西哥、尼加拉瓜、萨尔瓦多、危地马拉。广东、海南和云南有栽培。

利用： 食果植物。当果实成熟后果肉变得非常柔软，果皮也会变得很薄，可以连着皮一起吃；果肉也可以制作成冰激凌，或者加入酸奶做成奶昔。

142. 手指柠檬 *Citrus australasica* F. Muell.

别称：指橙、柠檬鱼子酱

形态特征：植株矮小，高约 1 m。树冠紧密，枝细节密，具细小茸毛；嫩叶带紫红色，刺多而细小；叶小无翼叶。花蕾小，白色，微显紫红色；花瓣白色，3 瓣，盛开时先端向外卷。果实形如手指；果皮淡黄色、绿色，黄色，黑色，棕色或紫色；果肉汁胞粒状似珍珠，橙黄色、黄色或粉红色等。种子小，短卵形。

生境与分布：原产于澳大利亚东部的热带和亚热带地区。海南有栽培。法国、美国、日本也有分布。

利用：食果植物。果实内包裹着许多鱼子般大小的果肉，一粒粒好似鱼子酱，因此，手指柠檬又被称为柠檬鱼子酱。

143. 金柑 *Citrus japonica* Thunb.

别称：圆金橘、山橘、金橘

形态特征：常绿乔木，约 5 m 高；枝有刺。叶片卵状披针形或长椭圆形；叶柄具狭翅。单花或 2～3 花簇生；花瓣 5 片。果椭圆形或卵状椭圆形，橙黄至橙红色；果皮味甜，果肉味酸。种子宽卵形。花期 4—5 月；果期 10—12 月。

生境与分布：生于山地疏林或灌丛中。福建、广东、广西、海南和台湾栽种的较多。

利用：食果植物。

144. 柠檬 *Citrus* × *limon* (Linnaeus) Osbeck

别称：西柠檬、洋柠檬

形态特征：小乔木。枝不规则，嫩叶及花蕾常呈暗紫红色，多锐刺。叶有较明显的翼叶；叶片阔椭圆形或卵状椭圆形。簇生或单花腋生，有时 3 ~ 5 组成总状花序；花瓣略斜展，背面淡紫色。果扁圆至圆球形，淡黄（白黎檬）或橙红色；果肉淡黄或橙红色，味酸。种子长卵形，平滑无棱。花期 4—5 月；果期 9—11 月。

生境与分布：原产于东南亚。海南有栽培。

利用：食果植物。

145. 香水柠檬 *Citrus* × *limon* 'Xiang Shui'

形态特征：灌木或小乔木。新生嫩枝、芽及花蕾均暗紫红色，茎枝多刺。单叶，稀兼有单身复叶，但无翼叶；叶片椭圆形或卵状椭圆形。总状花序有花达12朵，有时兼有腋生单花；花两性；花瓣5片。果椭圆形、近圆形或两端狭的纺锤形；果皮淡黄色，粗糙；内皮白色或略淡黄色，棉质，松软；果肉无色，近于透明或淡乳黄色，味酸或略甜，有香气。种子小，平滑。花期4—5月；果期10—11月。

生境与分布：喜温暖气候，丘陵坡地都适宜栽培。海南有栽培。

利用：食果植物。

146. 柚 *Citrus maxima* (Burm.) Merr.

别称：大麦柑、橙子、文旦柚

形态特征：乔木，高 2 ～ 5 m。叶阔卵形或椭圆形；具翼叶。总状花序，有时兼有腋生单花；花蕾淡紫红色，稀乳白色。果圆球形，扁圆形，梨形或阔圆锥状，淡黄或黄绿色；果实瓤囊 10 ～ 15 或多至 19 瓣；汁胞白色、粉红或鲜红色，少有带乳黄色。种子形状不规则，通常近似长方形。花期 4—5 月；果期 9—12 月。

生境与分布：原产于亚洲东南部。海南各地有栽种。

利用：食果植物。果肉含维生素 C 较高，有消食、解酒毒功效。

147. 沙田柚 *Citrus maxima* 'Shatian Yu'

形态特征：沙田柚属于柚子的中熟品种。果梨形或葫芦形，果顶略平坦，有明显环圈及放射沟，蒂部狭窄而延长呈颈状；果肉爽脆，味浓甜，但水分较少。种子颇多。果期 10 月下旬以后。

生境与分布：产于广西（容县、桂林、柳州等地）。广东、海南有栽培。

利用：食果植物。

148. 香橼 *Citrus medica* L.

别称：枸橼子、枸橼、香泡

形态特征：灌木或小乔木；茎枝多刺。单叶，稀兼有单身复叶，但无翼叶；叶片椭圆形或卵状椭圆形；叶缘有浅钝裂齿。总状花序有花达 12 朵，有时兼有腋生单花；花两性，有单性花趋向；花瓣 5 片。果皮淡黄色，粗糙；内皮白色或略淡黄色，棉质松软；瓤囊 10～15 瓣，果肉无色，近于透明或淡乳黄色，爽脆，味酸或略甜，有香气。种子小，平滑。花期 4—5 月；果期 10—11 月。

生境与分布：原产于印度东北部。广西、贵州西南部、海南、四川、西藏东部、云南有分布。老挝、缅甸、越南等也有分布。

利用：食果植物。

149. 佛手 *Citrus medica* 'Fingered'

别称：蜜罗柑、佛手柑

形态特征：小乔木或灌木，高度在 2 ~ 5 m。叶轴有刺；单叶互生，长椭圆形，有透明油点。花多在叶腋间生出，常数朵成束；其中雄花较多，部分为两性花；花冠五瓣，白色微带紫晕。果实鲜黄色，皱而有光泽；顶端分歧，常张开如手指状；肉白，无种子。花期 4—5 月；果期 10—12 月。

生境与分布：多生于丘陵、平原开阔地带。福建、广东、海南、四川、浙江有栽培。

利用：食果植物。

150. 四季橘 *Citrus × microcarpa* Bunge

别称：小青柑、酸柑

形态特征：常绿灌木，成熟的植株可以长到 2～6 m 高。叶片单生，长椭圆形；叶柄具狭翅。花瓣白色，4～5 枚；芳香。果实成熟后黄绿色或黄色；果包含 6～9 个肉质节。全年可开花结果。

生境与分布：海南有栽培。

利用：食果植物。果实非常酸，但有很多食用用途，例如添加到果汁中，常喝的青橘柠檬茶中的青橘就是用的四季橘的果实；在海南当地，家家户户都会用四季橘替代醋当蘸料。

151. 假黄皮 *Clausena excavata Burm. F.*

别称：野黄皮、山黄皮、过山香

形态特征：小灌木，高 1 ～ 2 m。小枝、叶轴均密被向上弯的短柔毛且散生微凸起的油点。小叶有 21 ～ 27 片，不对称，斜卵形，斜披针形或斜四边形；两面被毛或仅叶脉有毛，老叶几无毛。花序顶生；花蕾圆球形；花瓣白或淡黄白色，卵形或倒卵形。果椭圆形，成熟时由暗黄色转为淡红至朱红色，毛尽脱落。有种子 1 ～ 2 颗。花期 4—5 月及 7—8 月，稀至 10 月仍开花（海南）；盛果期8—10 月。

生境与分布：生于低海拔丘陵、灌丛或疏林中。产于福建、广东、广西、海南、台湾、云南南部。柬埔寨、老挝、缅甸、泰国、印度、越南等地也有分布。

利用：食果植物。果可鲜食。

152. 黄皮 *Clausena lansium* (Lour.) Skeels

别称：黄弹

形态特征：小乔木，高达 4～12 m。叶有小叶 5～11 片，小叶卵形或卵状椭圆形，常一侧偏斜。圆锥花序顶生；花蕾圆球形，有 5 条稍凸起的纵脊棱；花瓣长圆形，两面被短毛或内面无毛。果圆形、椭圆形或阔卵形，淡黄至暗黄色，被细毛；果肉乳白色，半透明。有种子 1～4 粒。花期 3—4 月；果期 5—7 月。

生境与分布：福建、广东、广西、贵州、海南各地、四川、云南有栽培。越南有分布。

利用：食果植物。黄皮是我国南方果品之一，除鲜食外还可盐渍或糖渍成凉果。

153. 光滑黄皮 *Clausena lenis* Drake

形态特征：乔木，高 2 ～ 3 m。有小叶 9 ～ 15 片，小叶斜卵形、斜卵状披针形，或近于斜的平行四边形。花序顶生；花蕾卵形，萼裂片及花瓣均 5 片，很少兼有 4 片；花瓣白色，基部淡红或暗黄色。果圆球形，稀阔卵形，成熟时蓝黑色。有种子 1 ～ 3 粒。花期 4—6 月；果期 9—10 月。

生境与分布：生于山地疏林或密林中。产于广东、广西西南部、海南、云南南部。老挝、泰国、越南也有分布。

利用：食果植物。

154. 小花山小橘 *Glycosmis parviflora* (Sims) Little

别称： 山橘仔、山小橘

形态特征： 灌木或小乔木，高1～3 m。有小叶2～4片，稀5片或兼有单小叶；小叶片椭圆形，长圆形或披针形，有时倒卵状椭圆形。圆锥花序腋生及顶生；花瓣白色，长椭圆形。果圆球形或椭圆形，淡黄白色转淡红色或暗朱红色，半透明油点明显。有种子2或3稀1粒。花期3—5月；果期7—9月。

生境与分布： 生于低海拔缓坡或山地杂木林，或路旁树下的灌木丛中亦常见。产于福建、广东、广西、贵州、海南、台湾和云南。缅甸、日本、越南东北部也有分布。

利用： 食果植物。果微甜，成熟后可直接食用。

155. 单叶藤橘 *Paramignya confertifolia* Swingle

别称：藤橘、野橘、狗屎橘

形态特征：木质攀缘藤本，高达 6 m。叶椭圆形或卵形，基部圆，很少楔尖，两面无毛；叶缘有甚细小的圆裂齿或全缘。单花或三花出自叶腋间；花蕾椭圆形；花瓣 5 片，白色，有油点。果近圆球形，无毛，成熟的果黄色，果皮有粗大油点，有松节油的香气。种子小，卵形，单胚。花期 7—9 月；果期 10—12 月。

生境与分布：生于河岸或溪谷沿岸沙土湿润地方，攀缘于树上。产于广东、广西南部、海南、云南南部（西双版纳）。越南北部也有分布。

利用：食果植物。

156. 锦橘果 *Triphasia trifolia* (Burm. f.) P. Wilson

别称：香吉果

形态特征：常绿灌木，稀为小乔木，高可达 2～3 m。指状枝有锐刺，细枝在茎节处呈小幅度的之字形。三出复叶，小叶卵形或椭圆形；腹面呈光滑的暗绿色，背面淡绿色；叶基有锐刺 1～2 枚。花腋生；花瓣白色，3 片。果实椭圆形，成熟后红色，带有明显的腺点；果肉像果冻，有浓烈的芸香味。种子 1～4 枚；种皮带绿色。花期 11 月至次年 3 月；果期 12 月至次年 5 月。

生境与分布：生长在次生林、灌丛、沿海森林和河岸等地带。原产于马来西亚。海南兴隆有栽培。泰国、印度、越南有分布。

利用：食果植物。果实成熟后呈暗红色，味道酸甜，具有浓郁的芸香味。

三十七、楝科 Meliaceae

157. 龙宫果 *Lansium domesticum* Corrêa

别称：榔色果、卢菇、兰撒果

形态特征：常绿乔木，栽培高可达 15 m，野生高可达 30 m。羽状复叶；有 5～7 个交替排列的小叶，倒卵形到椭圆形；腹面深绿色，背面浅绿色。花朵小，奶黄色，簇生在树干或老枝上。果实椭圆形或近圆形，表面密被短茸毛，成熟时变为黄褐色；果皮有黏性；果肉软骨状半透明，分成 5～6 瓣。种子单生或成对。花期 5—6 月；果期 7—9 月。

生境与分布：生长于热带雨林和潮湿的河谷。原产于东南亚。海南和云南有栽培。

利用：食果植物。龙宫果的果肉晶莹剔透、汁多味甜。

三十八、文定果科 Muntingiaceae

158. 文定果 *Muntingia calabura* L.

别称： 南美假樱桃

形态特征： 常绿小乔木，高达 5～8 m。叶片纸质，单叶互生，长圆状卵形。花两性，单生或成对着生于上部小枝的叶腋花萼合生；花瓣 5 枚，白色，倒阔卵形，具有瓣柄，全缘。浆果多汁，球形或近球形；成熟时为红色，无毛。种子椭圆形。花期 3—4 月；果期 6—8 月。

生境与分布： 喜温暖湿润气候。原产于热带美洲、西印度群岛。广东、海南和台湾有栽培。

利用： 食果植物。文定果是一种可食用的野果，成熟时红色，色泽鲜艳，果肉柔软多汁，可直接食用，有冬瓜茶的味道。

三十九、锦葵科 Malvaceae

159. 猴面包树 *Adansonia digitata* L.

别称：酸瓠树、猴树

形态特征：落叶乔木，高 19 ～ 24 m。叶集生于枝顶，小叶通常 5 片，倒卵形；腹面暗绿色，无毛，背面被稀疏的星状柔毛。花生近枝顶叶腋，密被柔毛；花瓣外翻，宽倒卵形，白色。果长椭圆形，下垂。种子肾形，黑色。

生境与分布：原产于热带非洲。福建、广东、海南和云南有栽培。

利用：食果植物。猴面包树的叶子、根、花、果肉和种子都可食用。

160. 可乐果 *Cola acuminata* (P. Beauv.) Schott & Endl.

别称：可拉、苏丹可乐果

形态特征：常绿乔木，高 10～16 m。叶片长圆形至卵形，暗绿色。花开放时 12～15 朵成一簇长在叶腋处；没有花瓣，但有 5 片浅黄色的萼片，其上有紫色的斑纹。果实为绿色的结荚，其表面有疣状疤痕。种子 6～10 颗；假种皮粉色、紫色或白色。花期 11 月至次年 3 月；果期 4—7 月。

生境与分布：原产于热带非洲，在美洲热带地区广泛种植。广东（广州）、海南、云南等地区有栽培。

利用：食果植物。果实的假种皮，咀嚼后可以提神抗疲劳；果实还是可口可乐的原料物质。

161. 榴梿 *Durio zibethinus* Rumph. ex Murray

别称：榴莲

形态特征：常绿乔木，高可达 25 m。叶片长圆形，有时倒卵状长圆形；两面发亮，腹面光滑，背面有贴生鳞片。聚伞花序细长下垂，簇生于茎上或大枝上；每序有花 3 ～ 30 朵；花瓣黄白色。蒴果椭圆状，淡黄色或黄绿色；果皮坚实，密生三角形刺。每室种子 2 ～ 6 颗，假种皮浅黄色或黄白色，有强烈的气味。花果期 6—12 月。

生境与分布：原产于印度尼西亚。海南保亭、三亚、万宁（兴隆）有栽培。

利用：食果植物。

162. 椰柿 *Matisia cordata* Bonpl.

别称：南美椰柿、大果椰柿、南瓜榄

形态特征：常绿乔木，野生状态高可达 30 m，栽培时 10 ～ 15 m。叶片互生，心形；腹面绿色，背面浅绿色；在靠近分枝的末端上簇生。花序为 1 ～ 3 朵橙黄色雌雄同体花，着生在老枝上；花冠倒卵形花瓣，奶黄色。果实球形或卵球形；果皮不成熟时呈绿色，成熟时呈棕色，带绒毛；果肉呈橘黄色，具有纤维，柔软多汁，带有南瓜的甜味。种子 2 ～ 5 颗。花期 4—5 月（兴隆热带植物园）。

生境与分布：喜生在炎热、潮湿、低地热带至亚热带多雨地区。产于巴西、厄瓜多尔、秘鲁等地区。海南万宁（兴隆）、琼海有栽培。美国、泰国也有分布。

利用：食果植物。果实成熟后，果肉软甜，汁水多，可以直接食用；果肉中具有纤维，吃起来口感类似杧果，也可以被加工成果汁和冰激凌。

163.　假苹婆 *Sterculia lanceolata* Cav.

别称：赛苹婆、鸡冠木、山羊角

形态特征：乔木，高 2 ～ 7 m。叶椭圆形、披针形或椭圆状披针形。圆锥花序腋生；花淡红色，萼片 5 枚，仅于基部连合，向外开展如星状。蓇葖果鲜红色，长卵形或长椭圆形；顶端有喙，基部渐狭，密被短柔毛。种子黑褐色，椭圆状卵形；每果有种子 2 ～ 4 个。花期 4—6 月；果期 6—8 月。

生境与分布：喜生于山谷溪旁。产于广东、广西、贵州、海南、四川南部和云南。老挝、缅甸、泰国、越南也有分布。

利用：食果植物。假苹婆既可以生吃也可以熟食；生吃时直接把种子的外壳剥开；也可以煮熟吃，味如板栗。

164. 苹婆 *Sterculia monosperma* Vent.

别称： 七姐果、凤眼果

形态特征： 乔木，小枝幼时略有星状毛。叶薄革质，矩圆形或椭圆形。圆锥花序顶生或腋生；花梗远比花长；萼初时乳白色，后转为淡红色。蓇葖果鲜红色，厚革质，矩圆状卵形。每果内有种子 1～4 个；种子椭圆形或矩圆形，黑褐色。花期 4—5 月。

生境与分布： 喜生于排水良好的肥沃土壤，且耐荫蔽。福建、广东、广西、海南（万宁）、台湾有栽培。马来西亚、泰国、印度、印度尼西亚、越南也有分布，多为人工栽培。

利用： 食果植物。苹婆的种子可食，煮熟后味如栗子。

165. 二色可可 *Theobroma bicolor* Bonpl.

别称： 双色可可

形态特征： 常绿乔木，高可达 3～8 m。叶片互生，卵椭圆形。花紫红色。果椭球形，成熟前呈灰色或绿色，成熟时呈黄色或黄褐色；果肉厚实，包裹着种子。种子 35～40 粒。花期 6—8 月；果期 8—10 月。

生境与分布： 喜生于热带潮湿地区。巴西、秘鲁、哥伦比亚、委内瑞拉有分布；它也被引入其他热带地区。海南（兴隆）有栽培。

利用： 食果植物。二色可可主要以果肉为食，与其他物种相比，果肉在内核周围很厚；它的口感软，味道甜；种子也可以加工成巧克力。

166. 可可 *Theobroma cacao* L.

别称： 巧克力树

形态特征： 常绿乔木，高可达 7～10 m。叶卵状长椭圆形至倒卵状长椭圆形。花排成聚伞花序；花瓣 5 片，淡黄色，略比萼长。核果椭圆形或长椭圆形，初为淡绿色，后变为红色，成熟后深黄色；果实表面有纵沟。每室有种子 12～14 个；种子卵形；包裹着种子的果肉白色透明。花期几乎全年。

生境与分布： 喜生于温暖和湿润的气候。原产于美洲中部及南部，现广泛栽培于全世界的热带地区。海南和云南南部有栽培。

利用： 食果植物。果肉酸甜可口，可生吃，味道类似山竹；种子为制造可可粉和巧克力的主要原料。

167.　可可热引 4 号 *Theobroma cacao* 'Reyin 4'

别称：巧克力树

形态特征：可可热引 4 号的叶尖形状呈长尖形，叶片长宽比为 37.3∶13.6。花蕾呈粉红色。果实形状呈长椭圆形，未成熟果实呈红色，成熟果实呈橙黄色。种子饱满，椭圆形子叶颜色呈紫色。花期主要在 4—6 月和 8—11 月；盛果期在 9—12 月和 2—4 月。盛产期平均产量 1 578.2 kg。

生境与分布：海南东南部。

利用：食果植物。20 世纪 80 年代，从 Trinitario 类型后代中选育出热引 4 号可可品种，于 2016 年通过海南省农作物品种审定委员会认定，是中国第一个可可品种。

168. 大花可可 *Theobroma grandiflorum* (Willd. ex Spreng.) K. Schum.

别称：古朴阿苏

形态特征：常绿乔木，在雨林中可长到 15～20 m 高，人工栽培的状态则不超过 8 m。叶互生，长 25～35 cm。花比同属植物的都大。果实椭圆形，25 cm 长，12 cm 宽；果肉白色或浅黄色乳状，气味芬香并带酸甜的味道。种子黄褐色。花期 11 月至次年 3 月；果期 12 月至次年 1 月。

生境与分布：原产于亚马孙的热带雨林中。万宁兴隆热带植物园有引种栽种。

利用：大花可可的果肉具有梨、香蕉、菠萝和杧果的混合味道，可以直接生吃，也可用于制作新鲜果汁、果酱、冰激凌等；果肉内的种子，可提取天然的乳状油脂（可可脂）。

四十、番木瓜科 Caricaceae

169. 番木瓜 *Carica papaya* L.

别称： 树冬瓜、番瓜、木瓜

形态特征： 常绿软木质小乔木，高达 8～10 m，具乳汁。叶大，聚生于茎顶端，近盾形；通常 5～9 深裂，每裂片再为羽状分裂；叶柄中空。花单性或两性；有些品种在雄株上偶尔产生两性花或雌花，并结成果实，亦有时在雌株上出现少数雄花；植株有雄株，雌株和两性株。浆果肉质，成熟时橙黄色或黄色，长圆球形，倒卵状长圆球形，梨形或近圆球形；果肉柔软多汁，味香甜。种子多数，卵球形，成熟时黑色。花果期全年。

生境与分布： 喜生于阳光充足的地区。原产于热带美洲，广植于世界热带和较温暖的亚热带地区。福建南部、广东、广西、海南、台湾和云南南部等省区已广泛栽培。

利用： 食果植物。番木瓜果实成熟可作水果；未成熟的果实可作蔬菜；也可加工成蜜饯，果汁、果酱、果脯及罐头等。

170. 黄金番木瓜 *Carica papaya* 'Gloden'

形态特征：常绿软木质小乔木。叶片七出掌状缺刻；叶片淡黄绿色或淡黄色；叶柄中空，紫红色。两性株为聚伞花序，每个花序有 3 ～ 5 朵小花；单花花蕾淡黄色，花开放时，上部花瓣乳白色，下部淡黄色；雌花花瓣 5 枚；两性花花瓣 5 枚。雌果长椭圆形，果基有棱，果顶中圆锥形有微棱；两性果长卵圆形，果顶中圆锥形有微棱；未熟果实表皮黄色，成熟果实表皮橙褐色。成熟种子黑褐色。花果期 3—6 月。

生境与分布：喜生于土壤肥沃疏松、排水灌溉方便、通风透光较好的地方。福建（漳州）、广东、海南（兴隆）和台湾有栽培。

利用：食果植物。果实成熟时可食用，果肉淡黄色，汁多味清甜。

四十一、仙人掌科 Cactaceae

171. 哥斯达黎加量天尺 *Hylocereus costaricensis*（F. A. C. Weber）Britton & Rose

别称：红心火龙果

形态特征：攀缘肉质灌木，具气根。具3角，有时4或5，绿色，肉质；成年枝上的刺针状至近圆锥形，呈灰褐色至黑色。花漏斗状，芳香浓郁，幼芽球形。果实宽卵形到球状，洋红色。种子黑色，并且嵌入果肉。

生境与分布：原产于哥斯达黎加。福建、广东、广西、贵州、海南和云南等地均有引种栽培。

利用：食果植物。

172. 黄麒麟量天尺 *Hylocereus megalanthus* (K. Schum. ex Vaupel) Ralf Bauer

别称：燕窝果、麒麟果

形态特征：攀缘肉质灌木，具气根。具3角或棱，有刺，10根左右。花漏斗形；花托及花托筒密被淡绿色或黄绿色鳞片，鳞片卵状披针形至披针形。果卵球形，具刺；果皮黄色；果肉白色。种子黑色。

生境与分布：喜欢阳光充足、排水良好的环境。原产于南美洲。海南有栽培。

利用：食果植物。和火龙果的味道类似。

173. 红肉火龙果 *Hylocereus polyrhizus* (F. A. C. Weber) Britton & Rose

形态特征：攀缘肉质灌木，具气根。具 3 角或棱，有刺。花瓣白色。果实短椭圆形；果萼鳞片短且薄，顶部浅紫红色；果皮紫红色，果肉深紫红色。种子黑色。

生境与分布：喜欢阳光充足、排水良好的环境。产于巴拿马、秘鲁、厄瓜多尔、哥伦比亚、哥斯达黎加、尼加拉瓜等地。福建、广东、广西、海南有栽培。

利用：食果植物。

174. 胭脂掌 *Opuntia cochenillifera* (L.) Mill.

别称： 肉掌、无刺仙人掌、胭脂仙人掌

形态特征： 肉质灌木或小乔木，高2～4 m（在原产地可高达9 m）。分枝多数，椭圆形、长圆形、狭椭圆形至狭倒卵形；无刺。叶钻形，绿色，早落。花近圆柱状；花被片直立，红色；瓣状花被片卵形至倒卵形。浆果椭圆球形，无毛，红色，每侧有10～13个小而略突起的小窠，小窠无刺。种子多数，近圆形。花期7月至次年2月。

生境与分布： 喜生于温暖地区。原产于墨西哥，在热带地区广泛引进栽培和逸生。广东南部、广西、海南有栽种。

利用： 食果与观赏植物。

175. 仙人掌 *Opuntia dillenii* (Ker Gawl.) Haw.

形态特征：丛生肉质灌木，高达 3 m。枝上部分宽倒卵形、倒卵状椭圆形或近圆形；刺黄色，有淡褐色横纹。叶上部分枝宽倒卵形、倒卵状椭圆形或近圆形；叶钻形，绿色，早落。花辐状；花瓣状花被片倒卵形或匙状倒卵形，黄色。浆果倒卵球形，紫红色，每侧具 5 ~ 10 个突起小窠。种子多数，扁圆形，边缘稍不规则，无毛，淡黄褐色。花期 6—10（12）月。

生境与分布：常生于沿海沙地。原产于墨西哥东海岸、美国南部及东南部沿海地区。我国南方沿海地区常见；在广东、广西南部和海南沿海地区逸为野生。

利用：食果植物。浆果酸甜可食。

176. 大叶木麒麟 *Pereskia grandifolia* Haw.

别称：玫瑰仙人掌

形态特征：灌木或小乔木，2～5 m 高。叶片肉质，椭圆形或倒卵形到披针形；刺黑色或棕色。花顶生，花瓣粉红色。果实梨形；成熟后黄绿色或黄色。花期 1—3 月；果期 2—4 月。

生境与分布：生于潮湿、排水良好的地区。原产于巴西潮湿的森林。福建、广东和海南有栽培。

利用：食果植物。不仅果实可以吃，叶子也可以当作蔬菜食用。

四十二、山茱萸科 Cornaceae

177. 土坛树 *Alangium salviifolium* (L. f.) Wanger.

别称：割舌罗、割嘴果

形态特征：落叶乔木或灌木，高约 8 m。叶厚纸质或近革质，倒卵状椭圆形或倒卵状矩圆形，全缘；腹面绿色，无毛，背面淡绿色。聚伞花序 3 ～ 8 生于叶腋，常花叶同时开放，有淡黄色疏柔毛；花白色至黄色，有浓香味。核果卵圆形或椭圆形，幼时绿色，成熟时由红色至黑色，顶端有宿存的萼齿。花期 2—4 月；果期 4—7 月。

生境与分布：生于疏林中。分布于东南亚和非洲东南部。广东、广西南部沿海地区和海南有分布。

利用：食果植物。果实吃多舌头会流血，故被称为割舌罗。

四十三、山榄科 Sapotaceae

178. 星苹果 *Chrysophyllum cainito* L.

别称： 星苹果、金星果、牛奶果

形态特征： 乔木，高 20 m。叶散生，坚纸质，长圆形、卵形至倒卵形；幼时两面被锈色绢毛，老时叶腹面变无毛，略具光泽。花数朵簇生叶腋，被锈色或灰色绢毛；花冠黄白色，裂片 5，卵圆形。果倒卵状球形，紫灰色，无毛。种子 4～8 枚，倒卵形；种皮坚纸质，紫黑色；疤痕倒披针形。花期 8—10 月；果期 12 月至次年 5 月。

生境与分布： 生于低至中海拔的潮湿林地。原产于加勒比海、西印度群岛。我国福建、广东、海南、台湾和云南西双版纳有少量栽培。

利用： 食果植物。果实切开具有白色乳汁，像牛奶，故被称为牛奶果。

179. 人心果 *Manilkara zapota* (L.) P. Royen

别称：吴凤柿、赤铁果

形态特征：乔木，高 15～20 m。叶革质，互生，密聚于枝顶，长圆形或卵状椭圆形；两面无毛，具光泽。花 1～2 朵生于枝顶叶腋；花冠裂片卵形，白色。浆果纺锤形、卵形或球形，褐色；果肉黄褐色。种子扁。花期 4—9 月；果期 11 月至次年 5 月。

生境与分布：喜湿热气候。原产于美洲热带地区。广东、广西、海南、云南（西双版纳）有栽培。

利用：食果植物。

180. 黄晶果 *Pouteria caimito* (Ruiz & Pav.) Radlk.

别称： 雅美果、黄金果、加蜜蛋黄果

形态特征： 常绿乔木，栽培树高 3 ～ 5 m。叶互生，长圆形。花浅绿色，单生或 2 ～ 5 朵花着生于枝条上。幼果深绿色，微具茸毛，成熟时转亮黄色，圆形或卵圆形，表面光滑；果肉带有微黏的乳汁，呈半透明胶质状。种子通常 1 ～ 2 枚。花期 3—5 月；果期 6—8 月（兴隆热带植物园）。

生境与分布： 原产于亚马孙河。在广东、广西、海南都有种植。

利用： 食果植物。果肉白色，有点半透明，口感如同奶油和果冻般。

181. 蛋黄果 *Pouteria campechiana* (Kunth) Baehni

别称：蛋果、鸡蛋果、桃榄

形态特征：小乔木，高约 6 m。叶坚纸质，狭椭圆形，两面无毛。花 8～12 朵聚生于叶腋；花冠裂片 4～6，浅绿色。果倒卵形，成熟时蛋黄色，无毛；中果皮肉质，肥厚，蛋黄色，可食，味如鸡蛋黄。种子 1～2 枚，椭圆形；疤痕侧生，长圆形。花期春季；果期秋季。

生境与分布：喜温暖多湿气候。原产于墨西哥、中美洲地区。广东、海南、台湾和云南有种植。

利用：食果植物。果肉橙黄色，富含淀粉，质地类似蛋黄，含水少，味甜，口感和番薯类似。

182. 木瓜蛋黄果 *Pouteria campechiana* 'Mu Gua'

形态特征： 木瓜蛋黄果是蛋黄果的一个品种，果实与蛋黄果的形状区别很大，呈纺锤形，果肉有黄油或奶油的质地，尝起来有甜牛奶的味道。

生境与分布： 喜温暖多湿气候。原产于中美洲地区。海南有种植。

利用： 食果植物。

183. 美桃榄 *Pouteria sapota* (Jacq.) H. E. Moore & Stearn

别称：马米果、曼密苹果

形态特征：常绿乔木，栽培树高 5 ～ 7 m。叶互生，长圆形。花黄绿色或淡黄色，着生于枝条上。果实大，圆形、卵形或椭圆形；果皮粗糙、深棕色；果肉橙红色，柔软。种子通常 1 ～ 3 枚。

生境与分布：生于潮湿的低地森林。原产于墨西哥和中美洲。海南有栽培。

利用：食果植物。果肉微红色、柔软，口感类似于红薯。

184. 神秘果 Synsepalum dulcificum Daniell

别称： 变味果、奇迹果、甜蜜果

形态特征： 多年生常绿灌木，树高 3 ～ 5 m。单叶互生，近对生或对生，有时密聚于枝顶；革质，全缘。花单生或数朵簇生叶腋或老枝上；有时排列成聚伞花序，稀成总状或圆锥花序；两性，稀单性或杂性；辐射对称；花瓣白色。果为浆果，有时为核果状；果肉近果皮处有厚壁组织而成薄革质至骨质外皮。种子 1 枚，褐色。花期 3—6 月；果期 4—9 月。

生境与分布： 原产于非洲中西部。福建、广东、广西、贵州、海南、四川等地有栽培。

利用： 食果植物。神秘果中含有一种可以抑制舌头感知酸味味蕾的糖蛋白，而同时又刺激感知甜味的味蕾，所以再食用酸性食物就不会感到酸，只会感觉到甜味。

四十四、柿科 Ebenaceae

185. 黑肉柿 *Diospyros nigra* (J. F. Gmel.) Perr.

别称：巧克力布丁、巧克力柿

形态特征：常绿乔木，高可达 20 m，但是栽培植株一般高 1 ~ 2 m。叶子椭圆形，两端渐尖；腹面深绿色，背面绿色。雄花簇生，或集成紧密短小的聚伞花序；花冠壶形；雌花单生。果实圆形或扁圆形；果皮未成熟时呈绿色，成熟时呈泥绿色；果肉成熟后深棕色，质地类似于巧克力布丁。种子 4 枚。花期 3—8 月；果期 4—9 月。

生境与分布：原产于墨西哥东部、加勒比海、中美洲和哥伦比亚。广东、海南有栽培。

利用：食果植物。黑肉柿的果肉深棕色或黑色，果冻状，非常香甜和柔软；把它切成两半，挖一勺棕色的果肉，入口即化，并带着一丝巧克力的甜味。

186．异色柿 *Diospyros philippinensis* A. DC.

别称：毛叶柿、菲律宾柿

形态特征：常绿大乔木，树高可达 20 m。叶革质，长圆形或椭圆状长圆形；幼时背面被绢毛至贴伏短柔毛。雌雄异株；花序腋生；花瓣黄白色，芳香；雄花序聚伞花序式或近总状花序式，有花 3～7 朵；雌花单生。浆果球形，密被锈色或带黄色或灰色皱曲长柔毛，熟时红色或桃红色。种子深棕色，4～5 枚。花期3—5 月；果期4—9 月。

生境与分布：生于沿海森林中。在亚洲和美洲的热带地区都有分布。广东、海南、台湾和云南有栽培。

利用：食果植物。果实去毛去皮后可以食用。

四十五、报春花科 Primulaceae

187. 白花酸藤果 *Embelia ribes* Burm. F.

别称： 碎米果、白花酸藤子、酸味蔃

形态特征： 攀缘灌木或藤本，长 3 ～ 6 m。叶片坚纸质，倒卵状椭圆形或长圆状椭圆形，顶端钝渐尖，基部楔形或圆形，全缘，两面无毛；背面有时被薄粉。圆锥花序，顶生；花瓣淡绿色或白色，分离，椭圆形或长圆形。果球形或卵形，红色或深紫色，无毛。花期 1—7 月；果期 5—12 月。

生境与分布： 生于疏林或灌丛中。产于广东、广西、贵州、海南、西藏和云南等。东南亚也有分布。

利用： 食果植物。果微甜，可以食用。

188. 平叶酸藤子 *Embelia undulata* (Wall.) Mez

别称：吊罗果、近革叶酸藤果

形态特征：攀缘灌木、藤本或小乔木。叶片纸质至坚纸质，椭圆形或长圆状椭圆形。总状花序，侧生或腋生，通常着生于次年无叶的枝条上；花瓣淡黄色或绿白色，分离，椭圆形至卵形。果球形或扁球形，宿存萼紧贴果。花期4—6月；果期9—11月。

生境与分布：生于密林、山坡和灌丛中。产于云南；海南有引种。

利用：食果植物。果酸甜，可以食用。

四十六、茶茱萸科 Icacinaceae

189. 定心藤 *Mappianthus iodoides* Hand.-Mazz.

别称：甜果藤

形态特征：木质藤本。叶长椭圆形至长圆形，稀披针形。雄花序与雌花序交替腋生，被黄褐色糙伏毛。核果椭圆形，由淡绿、黄绿转橙黄至橙红色，果肉甜。种子1枚。花期4—8月；果期6—12月。

生境与分布：生于疏林、灌丛及沟谷林内。广东、广西、海南、云南有分布。

利用：食果植物。果肉味甜可食。

四十七、茜草科 Rubiaceae

190. 猪肚木 *Canthium horridum* Blume

别称：猪肚簕

形态特征：小灌木，高 2～3 m，具刺。叶纸质，卵形，椭圆形或长卵形，顶端钝、急尖或近渐尖，基部圆或阔楔形。花单生或数朵簇生于叶腋内；花冠白色。核果卵形，单生或孪生。花期 4—6 月；果期 7—11 月。

生境与分布：生于低海拔的灌木丛。产于广东、广西、海南和云南。马来西亚、泰国、印度、越南有分布。

利用：食果植物。果实成熟后可以食用。

191. 小粒咖啡 *Coffea arabica* L.

别称：小果咖啡、阿拉伯咖啡、阿拉比卡咖啡

形态特征：小乔木或大灌木，高 5～8 m。叶薄革质，卵状披针形或披针形；全缘或呈浅波形，两面无毛。聚伞花序数个簇生于叶腋内，每个花序有花 2～5 朵；花冠白色，芳香。浆果成熟时阔椭圆形，红色；外果皮硬膜质，中果皮肉质，有甜味。种子背面凸起，腹面平坦，有纵槽。花期 3—7 月；果期 10 月至次年 1 月。

生境与分布：生于潮湿、凉爽的热带地区。原产于埃塞俄比亚或阿拉伯半岛。福建、广东、广西、贵州、海南、四川、台湾和云南均有栽培。

利用：食果植物。果实可以食用；种子可加工为咖啡饮品。

192. 中粒咖啡 *Coffea canephora* Pierre ex A. Froehner

别称： 甘弗拉咖啡

形态特征： 小乔木或灌木，高 4 ～ 8 m。叶厚纸质，椭圆形，卵状长圆形或披针形；全缘或呈浅波形，两面无毛。聚伞花序 1 ～ 3 个，簇生于叶腋内，每个聚伞花序有花 3 ～ 6 朵，具极短的总花梗；花冠白色，罕有浅红色。浆果近球形，长和直径近相等；外果皮薄，有 2 条纵槽和极纤细的纵条纹。种子背面隆起，腹面平坦。花期 4—6 月；果期 10—12 月。

生境与分布： 在潮湿与温暖的热带地区种植。原产于非洲。广东、海南、云南等地有栽培。

利用： 食果植物。果肉可以食用；种子可加工为咖啡饮品。

193. 大粒咖啡 *Coffea liberica* W. Bull ex Hiern

别称：大果咖啡、利比里亚咖啡、利比里亚种咖啡

形态特征：小乔木或大灌木，高 6 ~ 15 m。叶薄革质，椭圆形、倒卵状椭圆形或披针形；全缘，两面无毛。聚伞花序短小，2 至数个簇生于叶腋或在老枝的叶痕上，有极短的总花梗；花瓣白色，漏斗状。浆果大，阔椭圆形，成熟时鲜红色。种子长圆形，平滑。花期 1—5 月；果期 8—11 月。

生境与分布：原产于非洲西海岸的利比里亚的低海拔森林内，现广植各热带地区。广东、海南、云南有栽培。

利用：食果植物。果肉可以食用；种子可加工为咖啡饮品。

194. 总序咖啡 *Coffea racemosa* Lour.

别称：总状咖啡

形态特征：灌木，高 3.5 m。叶簇生在分枝上，椭圆形；全缘，波浪状。花着生在分枝上；花冠具 6～12 展开的裂片，白色或粉红色，芳香。果实近球形，成熟时紫色到黑色。种子小，只有 5 mm。花期 9 月至次年 2 月；果期 4—6 月。

生境与分布：产于南非。海南兴隆热带植物园有栽培。

利用：食果植物。果肉味甜，有榴梿的味道。早期的莫桑比克移民用它做咖啡，总序咖啡的咖啡豆只有小粒咖啡豆的 1/3 大，经过烘焙，磨成粉末，然后用来做咖啡，烤的时候有时会撒上盐。

195. 海滨木巴戟 *Morinda citrifolia* L.

别称：诺丽果、海巴戟、海巴戟天

形态特征：灌木或小乔木，高 1 ~ 5 m。叶交互对生，长圆形、椭圆形或卵圆形，全缘。头状花序每隔一节一个，与叶对生；花冠白色，漏斗形；喉部密被长柔毛，顶部 5 裂，裂片卵状披针形。聚花核果浆果状，卵形，幼时绿色，熟时白色。种子黑褐色。花果期全年。

生境与分布：生于海岸滩涂上或近海边灌丛中。产于海南及西沙群岛等地。

利用：食果植物。果实可以用作果汁或者酵素。

四十八、夹竹桃科 Apocynaceae

196. 毛车藤 *Amalocalyx microlobus* Pierre

别称：酸果藤、酸扁果

形态特征：木质藤本；枝、叶柄、叶、总花梗、小苞片、花萼外面和外果皮都密被锈色的长柔毛，老时无毛。叶纸质，宽倒卵形或椭圆状长圆形；腹面密被粗毛，老时无毛。聚伞花序腋生，着花 15 ～ 20 朵；花冠红色，近钟状，无毛。蓇葖 2 枚并生，椭圆形；外果皮被锈色柔毛；内果皮质脆。种子无毛，淡褐色，卵圆形；种毛黄色绢质。花期 4—10 月；果期 9 月至次年 1 月。

生境与分布：生于海拔 800 ～ 1 000 m 的山地疏林中。产于云南南部；海南兴隆热带植物园有栽培。老挝、缅甸、泰国、越南也有分布。

利用：食果植物。云南当地人将毛车藤的果实削皮，切成条块，蘸着辣椒粉或食盐等生食。

197. 刺黄果 *Carissa carandas* L.

别称：瓜子金、林那果

形态特征：常绿灌木，高 1～3 m。枝腋内或腋间通常具分叉的刺。叶革质，广卵形至近圆形，无毛。聚伞花序顶生，稀腋生；总花梗短，通常着花 3 朵，白色或稍带玫瑰色，微香；花冠高脚碟状，花冠圆筒状。浆果球形或椭圆形，未成熟时红色，成熟时紫黑色。种子呈压扁状而内凹，长圆形。花期 3—6 月；果期 7—12 月。

生境与分布：生长在喜马拉雅山的干燥森林和半干旱的山坡上，主要是岩石土壤。产于孟加拉国、印度。福建、广东、贵州、海南和台湾等省有栽培。

利用：食果植物。果实成熟后紫黑色，可以直接食用，偏酸。

四十九、茄科 Solanaceae

198. 灯笼果 *Physalis peruviana* L.

别称：小果酸浆、秘鲁苦蘵

形态特征：多年生草本，高 45 ～ 90 cm。茎直立，不分枝或少分枝，密生短柔毛。叶较厚，阔卵形或心脏形，全缘或有少数不明显的尖牙齿；两面密生柔毛。花单独腋生；花冠阔钟状，黄色，喉部有紫色斑纹；5 浅裂，裂片近三角形。果萼卵球状，薄纸质，淡绿色或淡黄色，被柔毛；浆果成熟时黄色。种子黄色，圆盘状。夏季开花结果。

生境与分布：生于路旁或河谷。原产于南美洲。福建、广东、海南和云南有栽培。

利用：食果植物。果实成熟后味酸甜，可生食或作果酱。

199. 红茄 *Solanum aethiopicum* L.

别称：吉洛茄

形态特征：一年生草本，高约 70 cm。叶片卵形至长圆状卵形；腹面疏被单毛及 4 ～ 8 分枝较短的星状茸毛，背面苍白色，亮绿或暗绿，密被 5 ～ 9 分枝较长的淡黄色或灰绿色星状茸毛；中脉在两面均被较密的星状毛及稀疏的钻形直刺。花序腋外生，3 ～ 8 朵花；花冠白色，略带紫晕，星形或近星状辐形。浆果橙黄色或猩红色或白色，圆形或椭圆形；具 4 ～ 6 沟棱或不具。种子肾形，淡黄色。花果期 3—5 月。

生境与分布：原产于非洲。兴隆热带植物园有栽种供观赏用。

利用：食果与观赏植物。当水果食用口感不好，一般用作蔬菜食用。

200. 大果茄 *Solanum macrocarpon* L.

别称：非洲茄子

形态特征：草本植物，高 1 ～ 1.5 m。叶片椭圆形，裂片浅波状；两面有星状毛；腹面具有皮刺或无；当刺存在时，着生于中脉和侧脉。花辐射对称；雌雄同体；花冠浅紫色。果实未成熟时呈淡绿色，成熟时呈黄褐色。花期 4—5 月；果期 4—7 月。

生境与分布：原产于热带和亚热带非洲较湿润的地区。广东、广西、海南有栽种供观赏用。

利用：食果植物。也可作蔬菜食用。

五十、紫葳科 Bignoniaceae

201. 食用蜡烛树 *Parmentiera aculeata* (Kunth) Seem.

形态特征：灌木或小乔木，高 7 ～ 10 m。树干直立，细枝有刺。三出复叶，对生，总柄上有翅，小叶长椭圆形或卵状椭圆形。花萼佛焰苞状开裂；花冠钟状，乳白色，略带浅绿，先端皱曲。果实为肉质浆果，呈圆柱形，纵肋突出；成熟后红黄色。种子圆形扁平。花期 1—3 月；果期 2—5 月。

生境与分布：喜生于降水多的森林中。产于伯利兹、哥斯达黎加、洪都拉斯、墨西哥、萨尔瓦多、危地马拉。广东（广州）、海南（万宁兴隆）有栽培。

利用：食果植物。可食用和观赏的热带水果，具有纤维。

202. 蜡烛树 *Parmentiera cereifera* Seem.

形态特征： 小乔木，细枝有刺。三出复叶，对生；小叶长椭圆形或卵状椭圆形。花着生于树干或老枝上；花萼佛焰苞状开裂；花冠钟状，乳白色，略带浅绿，先端皱曲。果实呈蜡烛状，不开裂，有短柄，黄绿色，长 30 ～ 50 cm；芳香。种子多数而小。花期 12 月至次年 4 月；果期 2—4 月。

生境与分布： 生于河谷的低海拔常绿森林中。原产于巴拿马。云南、广东、海南和台湾有引种栽种。

利用： 食果植物。可食用和观赏的热带水果，具有纤维。

参考文献

邓文明，林利波，2013. 兴隆热带植物园园林景观升级改造设想[J]. 热带农业工程，37（6）：24-26.

邓文明，苏宁，朱飞飞，等，2017. 热带果树在园林绿化中的应用——以兴隆热带植物园为例[J]. 中国热带农业，77（4）：13-15，18.

邓文明，苏宁，朱飞飞，等，2017. 兴隆热带植物园开展科普旅游的优势与实践[J]. 热带农业科学，37（10）：111-115.

邓文明，刘超，苏宁，等，2018. 彩叶植物在兴隆热带植物园景观配置中的应用[J]. 热带农业工程，42（2）：41-44.

欧阳欢，2000. 兴隆热带植物园的建设[C]//. 中国植物学会植物园分会第十五次学术讨论会论文集：39-45.

欧阳欢，王庆煌，陈海平，2002. 兴隆热带植物园果树资源的收集与保存[C]//. 中国植物园：106-112.

欧阳欢，王庆煌，黄根深，等，2007. 科研、开发、旅游三位一体新型植物园的创建——以兴隆热带植物园为例[J]. 中国生态农业学报，60（4）：177-179.

欧阳欢，邬华松，2013. 海南低碳农业旅游示范园建设与实践[M]. 北京：中国农业科学技术出版社.

杨小波，陈宗铸，李东海，2019. 海南植被志（第一卷）[M]. 北京：科学出版社.

张籍香，2005. 兴隆热带植物园植物名录[M]. 海口：海南出版社.